FORSCHUNGSBERICHTE
DES WIRTSCHAFTS- UND VERKEHRSMINISTERIUMS
NORDRHEIN-WESTFALEN

Herausgegeben von Staatssekretär Prof. Leo Brandt

Nr. 245

Prof. Dr.-Ing. habil. K. Krekeler

Institut für Kunststoffverarbeitung in Industrie und Handwerk
an der Rhein.-Westf. Techn. Hochschule Aachen

Das Verbinden von Metallen durch Kunstharzkleber

Teil I: Eigenschaften und Verwendung der Metallklebstoffe

Als Manuskript gedruckt

Springer Fachmedien Wiesbaden GmbH

1956

ISBN 978-3-663-19990-8   ISBN 978-3-663-20340-7 (eBook)
DOI 10.1007/978-3-663-20340-7

Forschungsberichte des Wirtschafts- und Verkehrsministeriums Nordrhein-Westfalen

Gliederung

1. Kleben, ein neuartiges Verbindungsverfahren für Metalle . . . . S. 5
2. Über die Technik von Metall-Klebverfahren und Klebern . . . . . S. 6
   - 2.1. Kritischer Vergleich der üblichen und neueren Verbindungsverfahren . . . . S. 6
     - 2.11 Die üblichen Metallverbindungen . . . . S. 6
       - 2.111 Reib- und Scherverbindungen . . . . S. 6
       - 2.112 Schmelzverbindungen . . . . S. 7
         - 2.1121 Schmelzverbindungen mit gleichem Schmelzwerkstoff . . . . S. 7
         - 2.1122 Schmelzverbindungen mit fremdem Schmelzwerkstoff . . . . S. 7
     - 2.12 Die Metall-Klebverbindung . . . . S. 8
       - 2.121 Die Theorie der Bindekräfte . . . . S. 8
       - 2.122 Die Haftfestigkeit und ihre Einflußgrößen . . . S. 11
         - 2.1221 Einfluß der Schichtdicke . . . . S. 12
         - 2.1222 Einfluß von Aushärtungstemperatur, -zeit und -druck . . . . S. 13
         - 2.1223 Einfluß der Materialeigenschaften des verklebten Werkstoffes . . . . S. 15
         - 2.1224 Einfluß der Überlappungslänge . . . . . S. 15
       - 2.123 Möglichkeiten und Grenzen der Metallklebung . . S. 17
   - 2.2. Klebstofftypen . . . . S. 22
     - 2.21 Hitzehärtbare Klebstoffe . . . . S. 22
       - 2.211 Hitzehärtbare Harz-Klebstoffe . . . . S. 22
       - 2.212 Hitzehärtbare Gummi-Klebstoffe . . . . S. 25
     - 2.23 Thermoplastische Klebstoffe . . . . S. 28
       - 2.231 Thermoplastische Harz-Klebstoffe . . . . S. 28
       - 2.232 Thermoplastische Gummi-Klebstoffe . . . . S. 29
   - 2.3. Die Herstellung einer Klebverbindung . . . . S. 32
     - 2.31 Die Wahl des Klebstoffes . . . . S. 32
     - 2.32 Die Technik des Klebens . . . . S. 32
       - 2.321 Oberflächenvorbereitung beim Kleben . . . . S. 33
       - 2.322 Aufbringen des Klebstoffes . . . . S. 34
       - 2.323 Zusammenfügen und Aushärten . . . . S. 34
       - 2.324 Allgemeine Richtlinien für die Kleber und Klebverfahren . . . . S. 35
3. Anwendung der Metallverklebung in der Praxis . . . . S. 37
4. Literaturverzeichnis . . . . S. 38

Forschungsberichte des Wirtschafts- und Verkehrsministeriums Nordrhein-Westfalen

1 Kleben, ein neuartiges Verbindungsverfahren für Metalle [1]

Im heutigen Maschinenbau kommt dem Verbinden von einzelnen Konstruktionselementen eine ganz besondere Bedeutung zu, weil hochbeanspruchte Maschinen an kritischen Stellen jeweils den Einsatz eines Werkstoffes mit speziellen Eigenschaften notwendig machen. Diese Forderung zu Mehrstoff- und Vielteilkonstruktionen läßt sich nur durch stete Entwicklung geeigneter Verbindungsverfahren verwirklichen. Überall begegnet man Maschinen, Bauteilen, Geräten, Werkzeugen und Gebrauchsgegenständen, die alle nur durch ein Verbinden einzelner Teile entstanden sind.

Zur Herstellung einer Verbindung bedient man sich besonderer Verfahren, verschiedener Verbindungs-Elemente bzw. -Werkstoffe. Jede Verbindungsart hat besondere Eigenschaften und damit meist auch spezielle Anwendungsgebiete. Die verschiedenen Verbindungsarten kann man einmal unterteilen in lösbare und unlösbare Verbindungen, zum andern nach ihrer Herstellungsart in Verbindungen mit und ohne Wärmeeinwirkung.

Die bisher am meisten bekannten Metall-Verbindungsarten sind: Bördeln, Falzen, Klemmen, Löten, Nieten, Schrauben, Schrumpfen und Schweißen. Sie alle haben eine längere praktische Bewährungszeit hinter sich und jede für sich ihren festen Platz in der Technik.

Mit der fortschreitenden Entwicklung auf dem Gebiete der Kunststoffchemie und Kunststofftechnik kam es in den letzten Jahren zu immer weiterer Verbreitung eines Metall-Verbindungsverfahrens mit Hilfe von Kunstharz-Klebstoffen. Diese Verbindungsart erfüllt manchen bisher offen gebliebenen Wunsch, genügt hohen Anforderungen, hat mancherlei Vorteile gegenüber den anderen Verbindungsarten und ergänzt diese in Bezug auf günstigere und erweiterte Anwendungsmöglichkeit. Besonders im modernen Leichtbau setzt sich das Kleben immer mehr durch. Der Einsatz der Klebung bei einem modernen Passagierflugzeug wie der "Comet", zeigt die Brauchbarkeit dieses neuartigen Verbindungsverfahrens auch für komplizierte hochbeanspruchte Großmaschinen.

Während das Metallkleben im Ausland weithin verbreitet ist, hat es bisher in Deutschland, in Anbetracht der nach 1945 gehemmten Weiterentwicklung, leider noch nicht die ihm zukommende Bedeutung gefunden. Um den Anschluß an den Stand der internationalen Technik zu gewinnen, ist es für die deutsche Industrie dringend erforderlich, dem Metall-Klebverfahren eine größere Aufmerksamkeit als bisher zu widmen.

Forschungsberichte des Wirtschafts- und Verkehrsministeriums Nordrhein-Westfalen
_____

Die hier vorgelegte Schrift will als Zusammenstellung des internationalen, bisher veröffentlichten Standes der Technik von Metall-Klebverfahren und Klebern - ohne unbedingte Vollständigkeit zu beanspruchen - durch einen kritischen Überblick über Möglichkeiten und Grenzen der Metallklebung der Industrie Anregung geben. Die am Institut durchgeführten Versuche zur Ermittlung der nötigen Konstruktionsunterlagen werden in einem weiteren Bericht[1] behandelt.

2. Über die Technik von Metall-Klebverfahren und Klebern

2.1 Kritischer Vergleich der üblichen und neueren Verbindungsverfahren

2.11 Die üblichen Metallverbindungen

Bei fast allen Konstruktionen ist es notwendig, einzelne Segmente zu einer Einheit zusammenzufügen. Metalle, Holz, Kunststoffe und Gummi sind die häufigsten Konstruktionselemente. Wenn auch das Hauptthema der Ausführungen die Metallklebung ist, so sollen doch kurz die anderen Verbindungsmöglichkeiten für einen technischen Vergleich herangezogen werden. Die gebräuchlichsten Metallverbindungen sind:

    2.111 Reib- und Scherverbindungen
    2.112 Schmelzverbindungen
    2.1121 Schmelzverbindungen mit gleichem Schmelzwerkstoff (Schweißen)
    2.1122 Schmelzverbindungen mit fremdem Schmelzwerkstoff (Weichlöten, Hartlöten).

2.111 Reib- und Scherverbindungen

Die mechanische Verbindung durch Nieten oder Schrauben kann als eine Reib- und Scherverbindung angesehen werden. Es werden allgemein Zugkräfte durch Flächenreibung und Scherbeanspruchung der einzelnen Maschinenelemente übertragen. Infolge des durch Löcher verminderten Blechquerschnittes ergibt sich eine ungünstige sprunghafte Änderung in der Spannungsverteilung. Zusätzlich treten bei der einfachen Blechüberlappung noch Biegespannungen auf, welche auch die Dichtheit der Verbindung gefährden können. Diese Spannungen und ihre Verteilung bewirken eine Festigkeitseinbuße gegenüber dem Grundmaterial von etwa 30 - 35 %. Nachteilig sind ferner: häufiger Verzug bzw. Aufwerfen des Bleches, Lockerung der Verbindung bei wechselnder

_____
1. Forschungsbericht des Wirtschafts- und Verkehrsministeriums Nordrhein-Westfalen Nr. 246

Last, Gewichtserhöhung durch Niet- und Schraubenköpfe, sowie auch die für aerodynamische Zwecke nicht genügende Oberflächenglätte [2].

2.112 Schmelzverbindungen

2.1121 Schmelzverbindungen mit gleichem Schmelzwerkstoff

Die Schmelzverbindungen sind dadurch gekennzeichnet, daß in den Verbindungsfugen der Schmelzwerkstoff durch örtliches Erhitzen im schmelzflüssigen Zustand zusammenfließt. Bei artgleichem Schmelzwerkstoff bezeichnet man das Arbeitsverfahren als Schweißen, bei artfremdem Schmelzwerkstoff je nach Festigkeit des Schmelzwerkstoffes als Hart- bzw. Weichlöten.

Die zonenweise thermische Behandlung von an sich festen Konstruktionsteilen hat zur Folge, daß in der Nahtzone die behinderte thermische Ausdehnung als Schrumpf- und Verwerfungsspannung die Gesamtfestigkeit herabsetzt, und die thermische Vergütung des Werkstoffes (Härten) in der Verbindungsfuge beseitigt wird. Die Spannungsverteilung über die Verbundbreite ist beim Schweißen, hervorgerufen durch Schweißspannungen, ungleichmäßig, jedoch treten keine zusätzlichen Biegespannungen auf. Bei ausgehärteten Werkstoffen ergibt sich durch die Schweißwärme immer eine Festigkeitseinbuße, die bis zu 50 % betragen kann. Z.B. sinkt die Festigkeit von hochfesten, d.h. ausgehärteten Leichtmetallen beim Schweißen auf die des halbfesten Materials. Ihre Verwendung bringt daher keine Vorteile, wenn man sie nicht nach dem Schweißen wieder aushärtet. Dies erhöht aber die Gestehungskosten, und oft ist es auch, zumal bei großen Werkstücken, nicht möglich. Weitere Nachteile des Schweißverfahrens sind die oft infolge von Wärmespannungen auftretenden unzulässigen Formänderungen, sowie eine geringe Korrosionsbeständigkeit infolge Gefügeumwandlung.

2.1122 Schmelzverbindungen mit fremdem Schmelzwerkstoff

Das Löten stellt an sich eine werkstoffschonende thermische Verbindung dar, ist jedoch u.a. in folgenden Fällen nicht anwendbar:

a) Wenn der Werkstoff höheren Temperaturen als $200^\circ C$ nicht ausgesetzt werden darf, wie z.B. ausgehärtete Leichtmetallegierungen.

b) Wenn kein geeignetes Lot existiert, das ohne besondere Maßnahme gut fließt und bindet, sowie keine nachträglichen Korrosionsschäden verursacht, wie die bisher bekannten Leichtmetallote.

c) Wenn Verbindungen zwischen verschiedenartigen Metallen z.B. Stahl und

Forschungsberichte des Wirtschafts- und Verkehrsministeriums Nordrhein-Westfalen

Leichtmetall, oder mit Nichtmetallen wie Kunststoffen oder keramischen Stoffen, hergestellt werden sollen [3].

2.12 Die Metall-Klebverbindung [1 4 5 6 7]

Unter Metallkleben wird allgemein ein Verbindungsverfahren für Metalle verstanden, bei dem die Verbindung von Metall zu Metall durch eine dünne Schicht eines hochmolekularen organischen Kohlenwasserstoffes - auch als Kunstharz oder Kunststoff bezeichnet - hergestellt wird.

Es entsteht also grundsätzlich eine Verbindung von einem anorganischen und einem organischen Werkstoff. Das Metallkleben wurde erst durch die Entwicklung von Kunstharztypen mit hoher chemischer Affinität zu metallischen Werkstoffen möglich.

2.121 Die Theorie der Bindekräfte

Über das Wesen einer Metall-Kunstharz-Verbindung besteht bis heute noch keine völlige Klarheit. Grundsätzlich setzt sich die Festigkeit einer Klebverbindung aus zwei Arten von Kräften zusammen: der mechanischen Festigkeit des Bindemittels in sich, seiner Kohäsion, und der Bindefestigkeit zwischen Bindemittel und Werkstoff, der Adhäsion. Für die Adhäsion sind physikalische und chemische Kräfte verantwortlich. In England prägte man für diese beiden Kräftegruppen die Begriffe: "mechanische Adhäsion" und "spezifische Adhäsion". Unter der mechanischen Adhäsion versteht man die rein mechanische Verankerung des Kunstharzklebers in den Poren und Unebenheiten der Metalloberfläche; unter der spezifischen Adhäsion die chemischen intermolekularen Anziehungskräfte, welche ein Kriterium für die Affinität des Klebers zum Metall sind.

Für die mechanische Adhäsion sind verschiedene physikalische Faktoren maßgebend, die sich in 4 Gruppen einteilen lassen:

   a) Größe der Klebstoffuge
   b) Beschaffenheit der Werkstoffoberfläche
   c) Druckeinwirkung auf den Kleber
   d) Temperatureinwirkung auf den Kleber.

a) Die Fugendicke soll bei allen Klebverbindungen möglichst niedrig gehalten werden. Die Klebfläche soll eben sein und satt anliegen. Fremde Bestandteile stören im allgemeinen und sind vor der Klebung durch eine gründliche Säuberung zu entfernen.

b) Die <u>Klebfläche</u> beeinflußt die Festigkeit der Verbindung insoweit, wie die Kontaktfläche Kleber - Metall für die Höhe der übertragbaren Kräfte verantwortlich ist. Es ist grundsätzlich möglich, eine ebene Fläche durch Aufrauhen zu vergrößern. Bei der Verklebung ist jedoch wesentlich, daß der Kleber die Spalten ausfüllt und so die Spaltflächen mitverwertet. Diese Technik ist daher nur in Grenzen sinnvoll, da die molekularen Bindekräfte Metall-Kunstharz im Spaltgrund wegen ihres potentiellen Abfalles mit dem Abstand voneinander wirksam sind und außerdem die innere Festigkeit des Klebfilmes durch Kerbwirkung wesentlich herabgesetzt wird. Es ist allgemein üblich, die Werkstoffoberfläche entweder mechanisch aufzurauhen, sie zu ätzen (beizen: Pickling Prozeß) oder zu anodisieren. Die mechanische Aufrauhung wird jedoch in neuerer Zeit immer mehr angefochten. Wahrscheinlich lassen sich für die verschiedenen Kleber keine allgemeinen Richtlinien aufstellen.

c) <u>Anpreßdruck</u> und Temperatur haben einen großen Einfluß auf die Güte der Klebverbindung.

Der Anpreßdruck hat eine Vielzahl von Funktionen. Zunächst zwingt er die Flächen zum satten Anliegen, bewirkt eine gleichmäßige Verteilung des Klebstoffes und preßt auch einen zäheren Kleber tiefer in die Spalten einer aufgerauhten Oberfläche. Scheiden Kleber bei der Aushärtung flüchtige Bestandteile aus, dann ist allgemein die Anwendung von Druck zu empfehlen, um die Klebflächen in engem Kontakt mit dem Kleber zu halten. Die Höhe des aufzuwendenden Druckes ist begrenzt und abhängig vom Anteil an flüchtigen Kleberprodukten, denn mit der Volumenkontraktion treten Spannungen auf, die durch den Druck zu einem Ausgleich im plastischen Zustand des Klebers gezwungen werden. Restspannungen nach Aufheben des Druckes lassen sich nicht vermeiden, sie sind umso höher, je höher die Druckeinwirkung war. Daraus folgert, daß der Druck zur Erzielung maximaler Bindefestigkeit eine ganz bestimmte Höhe haben muß, die jeweils vom verwendeten Kleber abhängig ist.

d) Die <u>Aushärtetemperatur</u> ist insofern von Einfluß, als die Zähigkeit des Klebers mit zunehmender Wärme abnimmt und die Füllung der Spalte begünstigt wird. Die unterschiedlichen Wärmeausdehnungskoeffizienten des Klebers und des Grundmaterials wirken sich aber bei höheren Temperaturen stärker aus, d.h. es treten schädliche Spannungen auf, von denen nach der Abkühlung (je nach Temperaturhöhe) Reste in der Klebnaht verbleiben. Hohe Aushärtetemperaturen ermöglichen allgemein kurze Aushärtezeiten. Es pflegen sich jedoch bei der schnellen Reaktion relativ kurzkettige, weniger zähe Kleberprodukte einzustellen, die vor allem bei zu weitgehender Aushärtung spröde sind und die Biegeempfindlichkeit der Klebverbindung erhöhen.

Für die spezifische oder chemische Adhäsion werden zwei Gruppen von chemischen Faktoren genannt: die elektrostatischen und die restlichen chemischen Kräfte.

Jedes Atom besitzt, entsprechend seiner Wertigkeit, Valenzkräfte, die mit den Nachbaratomen Bindungen eingehen, d.h. es bilden sich heteropolare Ionenmoleküle durch Übertreten der Valenzelektronen des einen Atoms in den Hüllenverband des andern Atoms. Dadurch verwandeln sich offenbar die ursprünglich elektrisch neutralen Atome in Ionen, deren gleichgroße entgegengesetzte Ladungen eine Anziehung aufeinander ausüben. Dieser Vorgang wird als primäre chemische Bindung bezeichnet. Im Innern eines Werkstoffes sind die Valenzkräfte gebunden, an seiner Oberfläche bleiben aber diese Kräfte frei. Sie werden dann wirksam, wenn die Werkstoffoberfläche mit derjenigen eines andern Werkstoffes in Berührung kommt. Die an den Oberflächen von Grundmaterial und Kleber freien Valenzkräfte sind also maßgebend für die chemische Bindekraft oder spezifische Adhäsion bei der Verklebung.

Außer diesen Valenzkräften gibt es noch weitere chemische Bindungskräfte, sekundäre, z.B. van der Waalsche Bindekräfte, die sogenannten Nebenvalenzen etc. Im Gitteraufbau der Moleküle bleiben nach der Sättigung durch die Hauptvalenzen noch freie Stellen, die von Nachbaratomen ausgefüllt werden. Es entsteht eine Art von Verzahnung der Atomhüllen und Molekülverbände. An der Werkstoffoberfläche bleibt immer eine gewisse, zumindest eine "molekulare" Rauhigkeit, d.h. es sind Nebenvalenzen frei. Diese werden ebenfalls wirksam bei Berührung mit der Oberfläche eines anderen Werkstoffes; sie binden sich durch gegenseitiges Haften (Verzahnen). Als Beispiel sei die hohe Bindefestigkeit von feinpolierten ebenen Metallflächen genannt.

Nach den heutigen Theorien wird der größere Anteil der Haftfestigkeit der spezifischen Adhäsion zugerechnet; mit ihr lassen sich die gemessenen Festigkeiten erklären.

2.122 Die Haftfestigkeit und ihre Einflußgrößen [1] [5] [6] [7]

Unter Festigkeit wird allgemein die auf die Flächeneinheit bezogene maximale Widerstandskraft gegen äußere angreifende Kräfte verstanden. Die Klebverbindungen werden durch angreifende Kräfte hauptsächlich auf Schub beansprucht. Dementsprechend findet man vielfach als Bezeichnung für die auf 1 mm^2 Klebfläche bezogene Bruchlast den Begriff "Schubfestigkeit". Bei überlappten oder geschäfteten Klebnahtformen handelt es sich aber um zusammengesetzte Beanspruchungen einmal aus Schub und Biegungskräften, zum anderen aus Schub und Zugkräften.

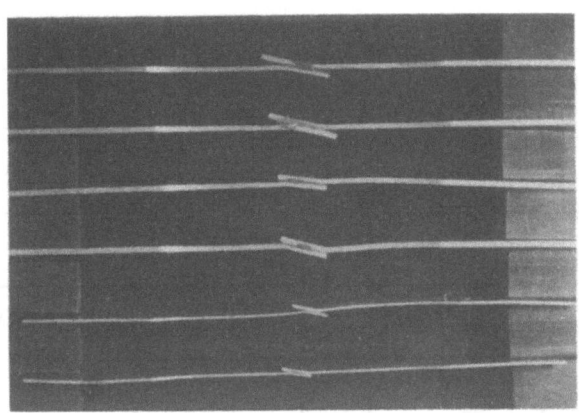

A b b i l d u n g   1
Einfluß der Biegekräfte bei einfacher Überlappung

Die generelle Bezeichnung "Schubfestigkeit" ist somit irreführend. Man sollte sie nur anwenden für die Verhältnisse reiner Schubbeanspruchung. Für Klebnahtformen mit einer zusammengesetzten Beanspruchung empfiehlt sich die allgemeinere Bezeichnung "spezifische Haftfestigkeit", definiert als Bruchlast je mm^2 Haftfläche.

Die Festigkeit der gesamten Verbindung setzt sich zusammen aus der mechanischen Festigkeit des Kunstharzes (Kohäsion) und der Bindefestigkeit zwischen Harz und Grundwerkstoff (Adhäsion). Das Wesen der adhäsiven Kräfte wurde im vorigen Abschnitt ausführlich beschrieben. Prüfungen haben ergeben, daß fast immer die Adhäsion größer ist als die Kohäsion. Erkennbar ist dies am Bruch in der Harzschicht. Die Erzielung der optimal möglichen Festigkeit der Verbindung hängt von einer Erhöhung der Kohäsion ab. Die Kohäsion kann einmal über die Harzfestigkeit und einmal über die Schichtdicke beeinflußt werden. Bei der Aushärtung des Klebers kondensiert bzw. polymerisiert das Kunstharz. Je höher die molekulare Kettenlänge eines Kunststoffes, umso höher ist in Grenzen seine Festigkeit. Es wäre somit erwünscht, eine hohe molekulare Kettenlänge zu erreichen. Mit der Eigenfestigkeit des Harzes kann aber auch seine Sprödigkeit steigen, die sich besonders bei Biegungsbeanspruchung ungünstig auswirkt. In dem Zusammenwirken zwischen Haftfestigkeit, Harzfestigkeit und Sprödigkeit gibt es einen bestimmten Zustand, bei dem die Zerreißfestigkeit der Verbindung ein Maximum ist. Diesen Zustand zu erreichen, muß angestrebt werden. Er hängt von den Aushärtebedingungen des Klebers wie Temperatur, Zeit und Druck ab.

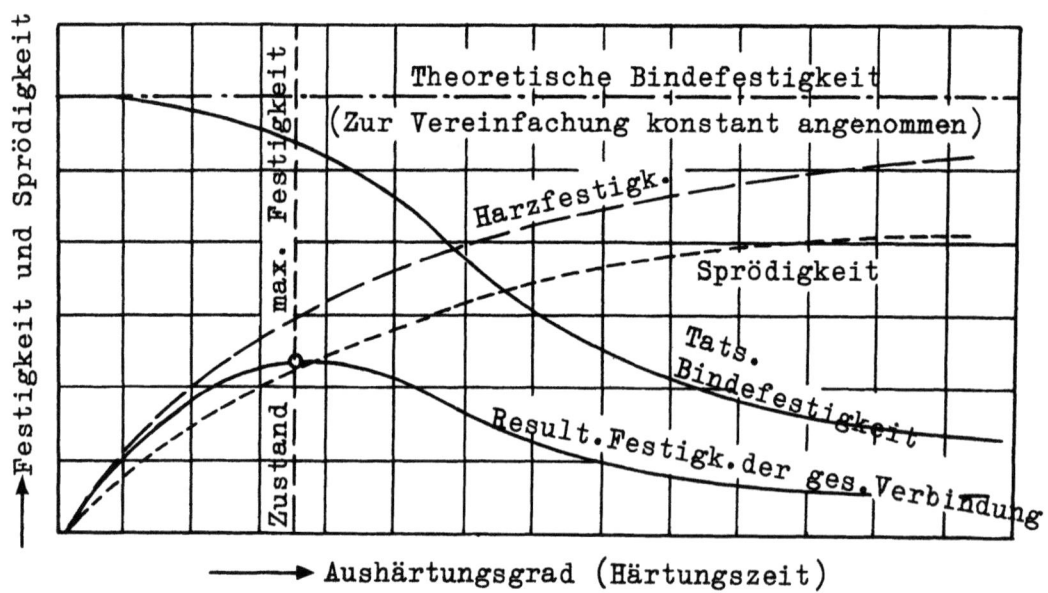

A b b i l d u n g   2
Einfluß des Aushärtungsgrades. KREKELER [7]

Abbildung 2 zeigt den schematischen Zusammenhang zwischen Haftfestigkeit, Harzfestigkeit, Sprödigkeit und Härtungsdauer. Die theoretische Haftfestigkeit, hier als konstant angenommen, und die Harzfestigkeit verringern sich um den Anteil der Sprödigkeit, welcher mit zunehmendem Aushärtegrad größer wird. Aus diesen beiden Kurven resultiert die Kurve der theoretischen Zerreißfestigkeit einer Verbindung.

2.1221 Einfluß der Schichtdicke

Aus dem im vorhergehenden Abschnitt Gesagten geht hervor, daß die Erzielung der maximalen Festigkeit einer Klebverbindung auch noch von der

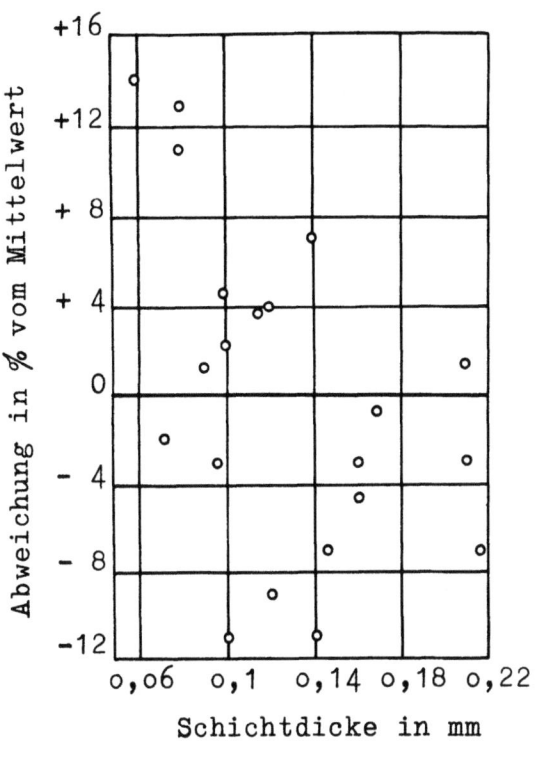

Abbildung 3
Einfluß der Schichtdicke auf die Festigkeit. BRENNER und MATTING [13]

Filmschichtdicke des Harzes abhängt. Je geringer diese Dicke ist, umso weniger ist die ungünstigere Harzfestigkeit wirksam. Daher wird allgemein angestrebt, die Stärke der Harzschicht auf ein Minimum herabzusetzen, bis nur noch die Grenzschichten als Klebfilm verbleiben. Praktisch läßt sich dies kaum verwirklichen. Die Filmstärke hängt von der Rauhigkeit der Metalloberfläche und, wie bereits ausgeführt, vom Anpreßdruck, der Aushärtetemperatur und der Aushärtezeit ab. Die Annäherung der zu verklebenden Metallflächen darf aber nicht zu einer metallischen Berührung führen, da in diesem Falle die Wirkung der Grenzflächenbindekräfte aufgehoben würde. Als Erfahrungswerte für die Filmschichtdicke werden o,o2 - o,1 mm, maximal bis o,2 mm angegeben. Bei geringerer Schichtdicke überwiegen die Streuungen in der Festigkeit nach der positiven Seite, Abbildung 3.

2.1222 Einfluß von Aushärtungstemperatur, -zeit und -druck

Unter der Aushärtung eines Kunstharz-Klebers versteht man die Umsetzung des Klebstoffes von einem labilen in einen stabilen chemischen Zustand, die unter Einfluß von Temperatur, Druck und Reaktionsbeschleunigern erfolgen kann. Die Aushärtungszeit und der Grad der Aushärtung sind von der wirksamen Temperatur abhängig: je höher diese ist, umso schneller ist die

Aushärtung abgeschlossen. Nach den Aushärtetemperaturen unterteilt man die verschiedenen Klebstoffe in Warm- und Kaltkleber. Die Kaltkleber härten bei Raumtemperatur aus, wenn auch die Aushärtung erst nach einem längeren Zeitraum beendet ist, und damit die maximale Festigkeit erreicht wird. Betrachtet man den Einfluß der Aushärtebedingungen auf die Haftfestigkeit, so gelten alle unter dem Begriff der Adhäsion erläuterten Faktoren auch sinngemäß für die Kohäsion und damit für die Haftfestigkeit. So steigt mit dem Aushärtungsgrad besonders bei kurzkettigen Produkten die Sprödigkeit. Das Harz verliert seine Elastizität, die Haftfestigkeit nimmt wegen höherer Kerbempfindlichkeit und geringerer Biegefestigkeit ab. Manche Klebstoffe scheiden während der Aushärtung flüchtige Bestandteile aus, die eine Volumenkontraktion zur Folge haben. Hierdurch entstehen örtliche Spannungen in der Klebfuge, die möglichst im plastischen Zustand des Kunstharzes ausgeglichen werden müssen. Kurze Aushärtezeiten und entsprechend hohe Temperaturen erhöhen die festigkeitsmindernden Spannungen durch Volumenkontraktion und ungleiche thermische Ausdehnungskoeffizienten. Es empfiehlt sich daher, zur Erzielung einer optimalen Festigkeit die Aushärtung jeweils unter ganz bestimmten Temperatur-, Druck- und Zeitbedingungen nur bis zu einem bestimmten Aushärtungsgrad durchzuführen. Diese Bedingungen werden, soweit sie bekannt sind, von den Herstellerfirmen angegeben.

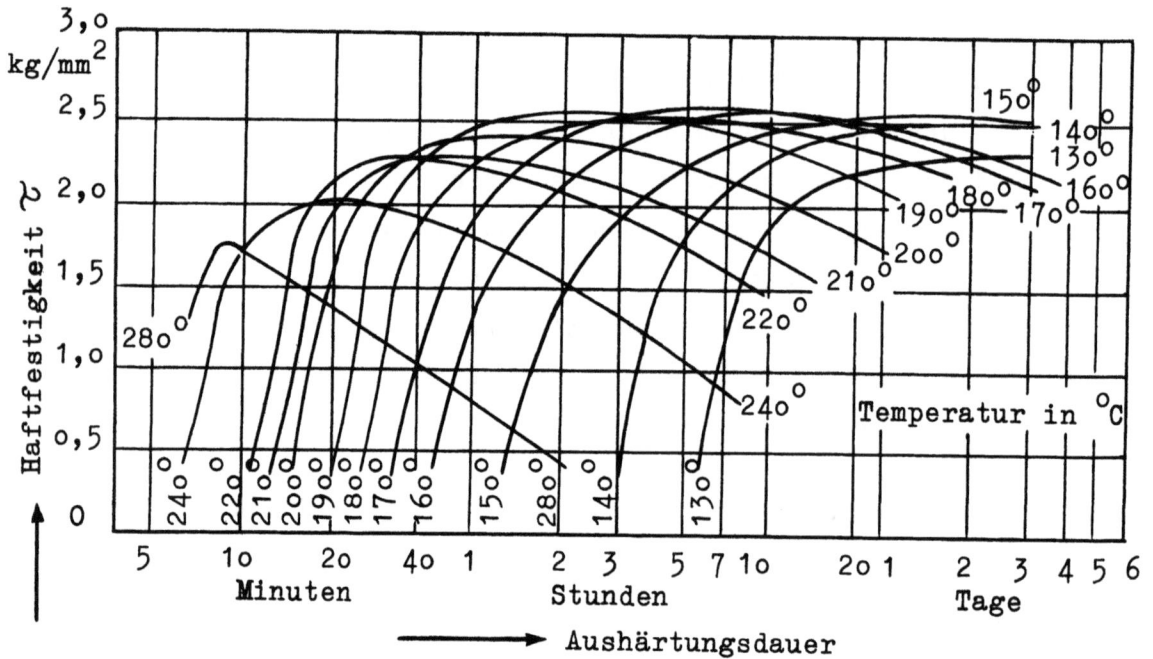

A b b i l d u n g 4

Haftfestigkeit von Aralditverbindungen in Abhängigkeit von Aushärtungstemperatur und -dauer. TRIETSCH [4]

Forschungsberichte des Wirtschafts- und Verkehrsministeriums Nordrhein-Westfalen

2.1223 Einfluß der Materialeigenschaften des verklebten Werkstoffes

Die Haftfestigkeit einer Klebverbindung ist nicht nur eine Funktion der Klebereigenschaften, sondern hängt wesentlich von den Eigenschaften des Grundwerkstoffes ab. Je weicher der Grundwerkstoff ist, um so mehr sucht er durch Verformung den angreifenden Kräften auszuweichen, und um so mehr wird der Kleber beansprucht. Je größer der E-Modul des Werkstoffes und das Widerstandsmoment (Dicke) des Konstruktionselementes, d.h. je biegesteifer die Klebflächen sind, um so mehr wird der Kleber entlastet. Die Haftfestigkeit einer Klebverbindung aus hochfestem Material ist daher stets größer, als eine Verbindung gleicher Abmessungen aus weicherem Material. Ein Gleiches gilt in Bezug auf die Materialstärken. Sobald oberhalb der Streckgrenze ein Fließen des Materials einsetzt, ergeben sich in den Grenzschichten starke Scherspannungen, die die Festigkeit herabsetzen. So werden bei hochfesten, vergüteten Metallen, die bis zum Bruch nur geringfügig fließen, die dabei auftretenden Spannungen verhältnismäßig gut vom Kleber aufgenommen, d.h. die Festigkeit bleibt auch nach Überschreiten der Metall-Streckgrenze praktisch noch voll erhalten. Erst bei erhöhter Belastung bis zum Bruch nimmt die Haftfestigkeit etwas ab. In Abbildung 5 a ist die Bindefestigkeit in Abhängigkeit von der Metallfestigkeit dargestellt (Nahtform: einfache Überlappung, Kleber: Araldit Typ I natur). Abbildung 5 b zeigt das Festigkeitsverhältnis $\tau_{SB_I}/\tau_{SB_{II}}$ (Schub-Biegung-Zug bei einfacher Überlappung zu Schub bei doppelter Überlappung) in Abhängigkeit von der Metallfestigkeit bei verschieden langer Überlappung, Kleber Araldit Typ I natur.

2.1224 Einfluß der Überlappungslänge

Bei einfach überlappten Klebnähten ist die Spannungsverteilung über die Länge der Klebnaht parabolisch, Abbildung 6.

Je größer die Überlappungslänge ist, um so größer sind die Spannungsspitzen, um so geringer die spezifische Haftfestigkeit. Diese fällt mit zunehmender Überlappungslänge hyperbolisch ab. Beim Überschreiten der Metall-Streckgrenze bis zum Bruch tritt eine nochmalige Stufung nach unten auf. Die effektive Reißfestigkeit der Verbindung steigt mit zunehmender Überlappungslänge. Sie kann in bestimmten Fällen durch genügend große Überlappungslänge gleich der Festigkeit des Grundmaterials werden. Die Steigerung der Überlappungslänge ist jedoch wegen der Abnahme der spezifischen

Forschungsberichte des Wirtschafts- und Verkehrsministeriums Nordrhein-Westfalen

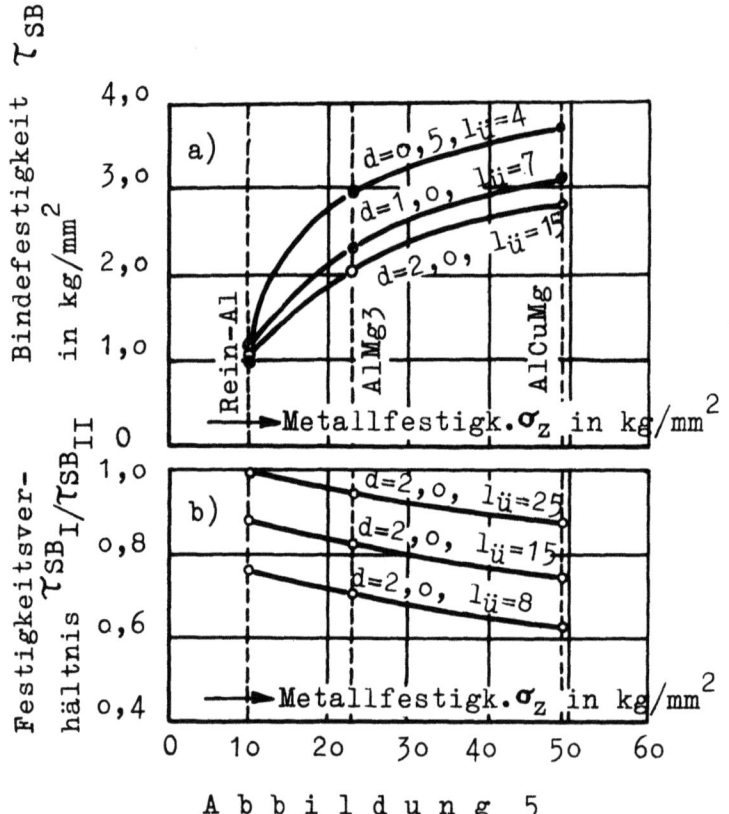

Abbildung 5

Einfluß der Metallfestigkeit. KREKELER [7]

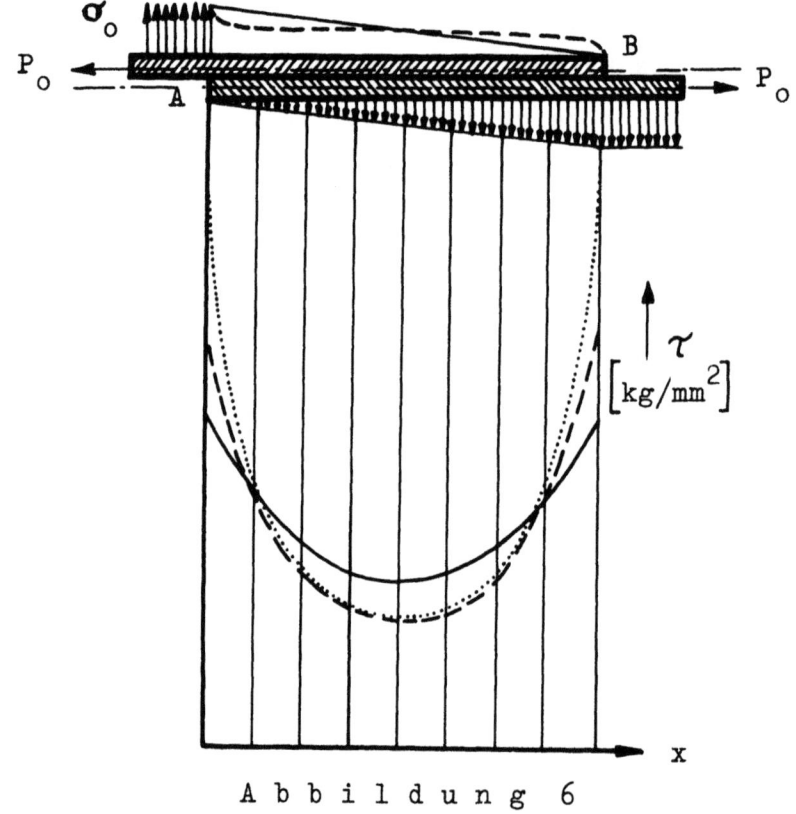

Abbildung 6

Spannungsverteilung in der Klebnaht

BRENNER und MATTING [13]

Haftfestigkeit nur bis zu einem gewissen Grade wirtschaftlich. Rechnerisch ist die Frage der wirtschaftlich sinnvollen Überlappungslängen in Abhängigkeit von Materialeigenschaften und -stärken und Klebertypen noch nicht befriedigend gelöst. Es bleibt also zur Zeit kein anderer Weg, als in systematischer Versuchsarbeit[2] die wirtschaftlich sinnvollen Überlappungslängen zu bestimmen. Als wirtschaftlich sinnvoll scheint dabei eine Überlappungslänge zu sein, die beim Verkleben eine Reißfestigkeit ergibt, welche der Materialfestigkeit annähernd gleichkommt. In Abbildung 7 ist der Klebfaktor K über der Überlappungslänge $l_ü$ aufgetragen. Der Klebfaktor ist definiert als das Verhältnis der Bruchlast von Klebnaht und Grundmaterial.

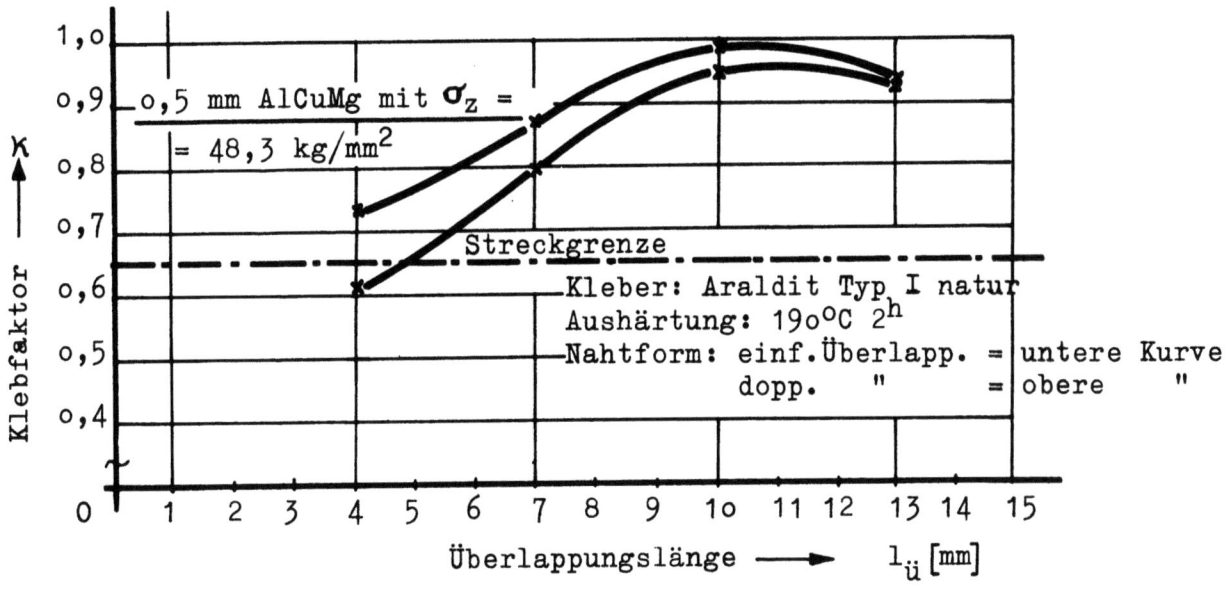

Abbildung 7
Einfluß der Überlappungslänge

2.123 Möglichkeiten und Grenzen der Metallklebung

Das Verbindungsverfahren der Metallklebung nimmt eine Zwitterstellung unter den beiden üblichen Verbindungsverfahren ein. Bei diesem Verfahren sind die Vorteile der mechanischen Reib-Scherverbindung (Nietung, Verschraubung) in Bezug auf die Erhaltung der thermischen Materialvergütung mit dem Vorzug der kontinuierlichen Spannungsverteilung über die Verbundbreite wie bei den Schmelzverbindungen (Schweißen Hart- und Weichlöten) glücklich kombiniert.

---

2. In einem weiteren Forschungsbericht Nr. 246 werden die vorliegenden Versuchsarbeiten beschrieben

Wenn auch bei dem Einsatz von Klebverbindungen durch die organische Klebersubstanz die obere Temperaturbeanspruchung relativ niedrig liegt, so besitzen die Klebverbindungen doch eine Reihe vorteilhafter Eigenschaften, die sie in vielerlei Hinsicht den anderen Verbindungsarten überlegen sein lassen.

Bei der Verklebung tritt z.B. keine Entfestigung ein, wie beim Schweißen, wo bei hochfesten vergüteten Werkstoffen oft die Festigkeitseinbuße bis zu 50 % betragen kann. Beim Kleben bleibt die Festigkeit des Grundmaterials voll erhalten, und der gesamte Querschnitt ist zur Kraftübertragung ausgenutzt gegenüber der möglichen Querschnittsbelastung einer Nietung mit nur 60 - 70 %. Zum Beweis dieser Tatsache sollen an dieser Stelle Vergleichsversuche zwischen den einzelnen Verfahren angeführt werden.

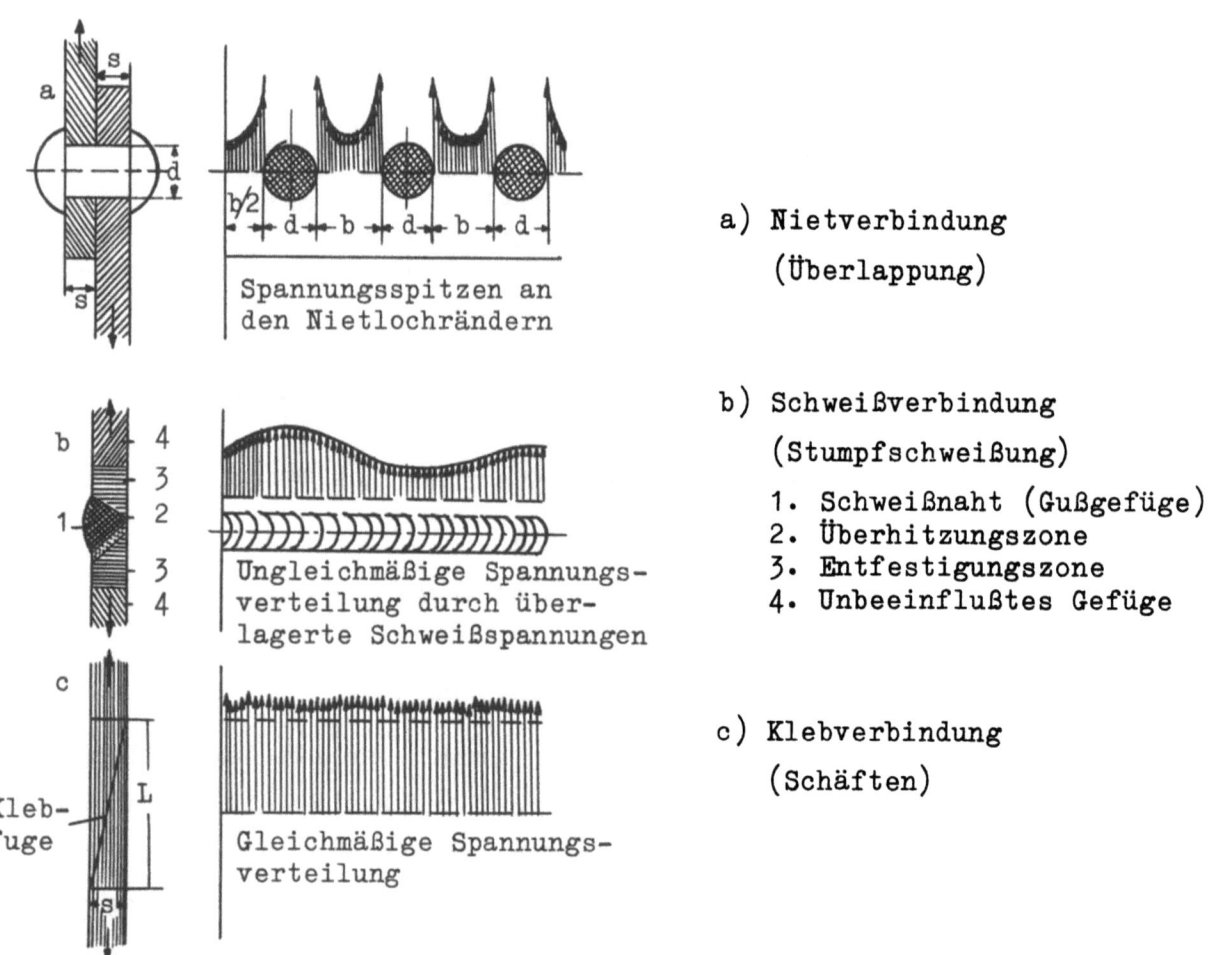

Abbildung 8
Spannungsverteilung bei verschiedenen Verbindungsarten
Aluminium-Merkblatt V6 [3]

Abbildung 8 über die Spannungsverteilung bei den verschiedenen Verbindungsarten und die folgenden Versuchsergebnisse[3] zeigen die Überlegenheit der Klebverbindung gegenüber dem Nieten und Schweißen. Die Versuche wurden mit 1 mm dicken und 20 mm breiten Blechstreifen einer ausgehärteten AlCuMg-Legierung von etwa 35 kg/mm^2 Festigkeit ausgeführt. Verbunden wurden die gleichen Proben

      a) durch Autogenschweißung (Stumpfschweißung)

      b) durch Überlappungsnietung (4 Nieten, Überlappung 25 mm)

      c) durch Überlappungsklebung (Überlappung 25 mm).

Die Zerreißversuche führten zu folgenden Werten:

Verbindungsart	Bruchlast
Schweißen	375 kg
Nieten	480 kg
Kleben	700 kg

Die Festigkeit des Grundmaterials betrug 700 kg. Bei den verklebten Proben lag die Bruchstelle außerhalb der Verbindungsstelle. Die Probe wies die gleiche Bruchlast auf wie das Ausgangsblech. Die geschweißte Probe erreichte 375 kg. Der Bruch trat unmittelbar neben der Schweißnaht in der Überhitzungszone ein. Etwas günstiger verhielt sich die Nietprobe, die bei 480 kg in dem durch die Nietlöcher geschwächten Blechquerschnitt brach.

Die Tatsache einer nahezu gleichmäßigen Spannungsverteilung über die Breite der Klebfläche und der damit verbundenen größeren Festigkeit und Steifigkeit der Verbindung erlaubt oft eine Verminderung der Materialstärke, den Wegfall von Verstärkungsrippen und eine Verkleinerung der Bauhöhe, was auf eine allgemeine Gewichts- und Kostenersparnis hinausläuft. Da die Klebverbindung kontinuierlich ist, kann ohne Schwierigkeit eine Dichtung gegen Eindringen von Flüssigkeiten erzielt werden. Ebenso läßt sich in einfacher Weise durch Zwischenkleben von Kunststoffschichten eine gute elektrische Isolierung erzielen.

Die durchgehende Verbindung und die durch die Verklebung bewirkte bessere Spannungsverteilung liefert auch im Vergleich zu anderen Befestigungsmethoden bessere Dauerbiegefestigkeiten. Die meisten Kleber zum Verbinden von Metall mit Metall besitzen eine gewisse Elastizität und erlauben so

---

3. Entnommen dem Aluminium-Merkblatt V6

die gleichmäßigere Übertragung, Verteilung und Aufnahme von Spannungen. Bei bestimmten Verbindungen ermüdet sogar das Metall vor dem Kleber.

Die Klebstoffe durchdringen und beschädigen die bestrichenen Teile nicht. Zum Beispiel vermindert eine glatte Außenhaut bei Flugzeugen den Luftwiderstand und bringt eine erhebliche Erhöhung der Geschwindigkeit.

Ein großes Anwendungsgebiet über längere Zeit hin steht der Metallklebung in der modernen Verbundbauweise offen. Geschichtete Metallfolien mit Papier oder Kunststoff und Gefüge von Metallplatten mit Kunststoffkern in Verbundbauweise sind wirtschaftlich nur durch Kleben herzustellen. Hier ist die Verklebung allein beherrschend und jeder anderen Befestigungsmethode vorzuziehen.

Die Verbindung von Metallen und Nichtmetallen ist über eine kostenintensive, technisch meist ungünstige Reib-Scherverbindung oder über die gewöhnlich einfachere Klebverbindung möglich. Bei der Verbindung von verschiedenen Metallen untereinander liegen die Verhältnisse ähnlich, da eine Lötverbindung nur in engen Grenzen möglich ist. Es ergeben sich darüberhinaus für die Verhütung der Kontaktkorrosion wesentliche Vorteile in der Metallklebung.

Beachtung sollte man den Einsparungen schenken, die durch eine Verklebung erzielt werden. Klebverbindungen bieten oft eine große Kostenersparnis im Vergleich zur Größe und Art des Bauteiles und den Relativkosten anderer Befestigungsmethoden. Das Kleben erfordert z.B. kein Bohren, wie beim Nieten und Verschrauben, wenn auch andererseits einzelne Kleber größere Vorrichtungen zum Aufbringen von Druck und Hitze verlangen. Die Verklebung kann durch angelernte Arbeitskräfte erfolgen; hochqualifizierte Facharbeiter werden nicht benötigt. Der notwendige Kraft- und Arbeitsaufwand des Arbeiters ist durchweg geringer, und die Ausbringung in der Zeiteinheit wird größer. In günstigen Fällen lassen sich die Fertigungskosten etwa 30 - 40 % senken.

Der technischen Anwendung der Metallklebverbindung sind aber auch wohldefinierte Grenzen gesetzt, die teilweise im Wesen der Verbindung selbst, teilweise in den Komponenten bzw. bei ihrer Verarbeitung liegen. Von entscheidendem Einfluß ist die Beanspruchungsart, der die Verklebung ausgesetzt ist.

Die Festigkeit einer Klebverbindung ist sehr hoch, wenn der Angriff der

Beanspruchungskräfte in die Richtung der Verbindungsebene fällt. Bei reiner Zugbeanspruchung ist die Festigkeit meist noch höher, tritt sie jedoch als Normalkraft an freien Kanten auf, so wirkt sie abschälend. Die Schälfestigkeit ist wegen der Kerbempfindlichkeit der Kunststoffschicht gering. Auch die geringe Biegefestigkeit ist besonders bei dickeren härteren Blechen zu beachten. Zug an den freien Kanten, Kantenpressung und Biegebeanspruchung sollten daher möglichst vermieden werden. Bei schlagartiger Belastung besteht Bruchgefahr.

Ein weiterer Einflußfaktor bei der Kleberauswahl ist die Zusammensetzung des Klebers. Nachteilig ist die zum Teil lange Verdunstungsdauer bei Verwendung von Klebstoffen mit flüchtigen Bestandteilen, sowie die teilweise lange Abbindezeit. Diese bedingen lange Fertigungsdurchlaufzeiten und zugleich, je nach Auflagezahl, verhältnismäßig große Zwischenlager und Bereitstellungsräume.

Der verhältnismäßig große Aufwand der werkstattmäßigen Einrichtungen für Vorrichtungen und Hilfsmittel erfordert natürlich Kapitalinvestierungen. Sie sind nur wirtschaftlich für größere Stückausbringung oder laufende Klebarbeiten.

Die Notwendigkeit einer Warmbehandlung und Pressung ist oft von Nachteil und nicht immer leicht durchzuführen. Bei ungenauer Einhaltung der angegebenen Arbeitsbedingungen können sich große Festigkeitsdifferenzen ergeben, so daß die Sicherheit der Verbindung in Frage gestellt ist.

Erhöhte Beanspruchungstemperaturen vermindern allgemein die Festigkeit der Verklebung. Die Festigkeit bleibt bei den dreidimensional sich vernetzenden Klebertypen (duroplastische Kleber) bis etwa $80^{o}C$ annähernd konstant und fällt dann über $100^{o}C$ bis fast auf Null ab.

Über die Beständigkeit gegen Versprödung bei langjährigem Einsatz liegen noch keine Erfahrungswerte vor. Ein geringes Nachlassen der Festigkeit ist zu erwarten.

Die chemische Beständigkeit der Verklebung ist von den Kleberkomponenten abhängig und somit sehr unterschiedlich. Allgemein kann man sagen, daß die hitzehärtbaren Produkte weniger von Chemikalien angegriffen werden als thermoplastische Klebstoffe.

Abschließend läßt sich sagen, daß das Verfahren der Metallklebung bei einem kritischen Vergleich der üblichen Verbindungsmethoden völlig neuartige außerordentliche Möglichkeiten eröffnet und bei Anforderungen an die Verarbeitungstechnik zu erheblichen Kostensenkungen in der Fertigung führen kann.

2.2. Klebstofftypen [8] [9]

Ein einheitliches System zur Klassifizierung der großen Zahl im Handel befindlichen Kleber gibt es bisher noch nicht. Die in der Industrie übliche Einstufung nach dem Verwendungszweck, wie Metall-, Holz-, Etikettenkleber usw., ist für eine Diskussion im weiteren Sinne ungeeignet, da man einen Kleber oft in den verschiedensten Gebieten anwenden kann. Dieser Arbeit liegt eine Gliederung nach den chemischen Bestandteilen, d.h. nach dem Ausgangsprodukt des Klebers zu Grunde. Da die mechanischen Eigenschaften der Kleber davon abhängig sind, ob es sich um hitzehärtbare oder thermoplastische Ausgangsprodukte handelt, kann man die Klebstoffe in zwei Hauptgruppen einteilen:

    2.21 Hitzehärtbare Klebstoffe
    2.22 Thermoplastische Klebstoffe.

Diese beiden Hauptgruppen lassen sich wieder in Harzkleber und Gummikleber gliedern. Die Chemie der einzelnen Klebstofftypen soll in diesem Rahmen nicht besprochen werden. Es liegt bereits eine ausführliche amerikanische Arbeit darüber vor [9].

2.21 Hitzehärtbare Klebstoffe

2.211 Hitzehärtbare Harz-Klebstoffe

Hitzehärtbare Harze sind synthetisch hergestellte organische Substanzen, die durch chemische Reaktion in ein beständiges, praktisch unschmelzbares und nicht lösliches, festes Produkt umgewandelt werden können. Diese Harze haben ein hohes Molekulargewicht. Sie lassen sich durch stufenweise Kondensation in eine dreidimensionale Netzstruktur überführen. Diese Reaktion bezeichnet man als Aushärten des Klebers. Es wird bei der Polykondensation immer eine einfache chemische Verbindung (Wasser, Salzsäure etc.) frei. Das Endprodukt ist ein starrer Körper von hoher Festigkeit und Härte. Das ausgehärtete Material besitzt einen relativ hohen E-Modul, ist nicht brennbar und zeigt gute Beständigkeit gegen die meisten Chemikalien.

<u>Phenol-Formaldehyd</u> und analoge Gemische dienen als Ausgangsstoffe zur Herstellung hitzehärtbarer Harz-Kleber. Gelöste Phenolharze mit Ton vermischt werden als Glas-Metall-Kleber zur Befestigung von Metallfüßen bei Glüh-

lampen und Radioröhren gebraucht. Die Phenolharz-Mischung wird durch Spritzen oder ähnliche Verfahren aufgebracht und der Kleber bei Temperaturen um 150°C gehärtet. Die ausgehärteten Harze sind sehr fest und beständig gegen die meisten Chemikalien. Da sie etwas spröde sind, leicht bei Schlagbeanspruchung versagen und keine hohen Wechselfestigkeiten haben, werden die Phenolharze vielfach durch Kunstkautschukanteile oder thermoplastische Harze elastifiziert. Das englische "Redux"-Verfahren basiert z.B. auf Phenolformaldehydharz-Polyvinylformal-Gemischen und findet Verwendung zur Verklebung von Leichtmetall untereinander und mit anderen Stoffen. Eine ausführliche Darstellung der einzelnen Gemische findet sich weiter unten.

In diese Gruppe gehören auch die _Polyester_. Ungesättigte Polyesterharze, gelöst in monomerem Styrol, sind flüssige Kleber, die ohne Verlust an flüssigen Bestandteilen in feste Filme umgewandelt werden können, da das Lösungsmittel Styrol mit dem Polyester ein Mischpolymerisat bildet. Die Umwandlung vom flüssigen in den festen Zustand wird durch Katalysatoren, gewöhnlich Peroxyde, eingeleitet, die beim Gebrauch zugesetzt werden. Die Reaktion kann bei Raumtemperatur oder bei 90 - 110°C erfolgen. Da sie keine flüchtigen Bestandteile enthalten, haben die Harze den Vorteil, unter geringem Druck und bei relativ geringer Schrumpfung vollkommen auszuhärten. Die ausgehärteten Kleber sind gegen Feuchtigkeit, Chemikalien, Hitze und Witterung beständig und besitzen gute elektrische Eigenschaften. Je nach der Mischung kann der Klebfilm gummiartig oder hart sein. Die Zug- und Scherfestigkeiten variieren zwischen 10 - 200 kg/cm^2.

Ein weiterer hitzehärtbarer Kleber ist auf _Resorcin_ und _Resorcin-Phenol_ aufgebaut. Die Lagerbeständigkeit der Kleber ist ausgezeichnet. Den verflüssigten Harzen wird zum Gebrauch Formaldehyd oder ein formaldehydhaltiger Härter zugesetzt. Die Aushärtung erfolgt bei Raumtemperatur. Die Verarbeitbarkeit des Klebers nach Vereinigung mit dem Härter hängt von der jeweiligen Temperatur ab. Die chemische Umwandlung beginnt, sobald die beiden Komponenten vermischt sind. Die Resorcin-Kleber haften nicht auf Metall, sie werden jedoch zur Verklebung von Holz mit Metall verwendet, wenn das Metall vorher mit einem metallklebenden Stoff überzogen wurde. Reines Resorcin ist verhältnismäßig teuer, Phenol-Resorcin dagegen billiger.

Die erst kürzlich entwickelten _Äthoxylinharze_ (Epoxydharze) sind hitzehärtbare Klebstoffe von vielseitiger Verwendungsmöglichkeit und Brauchbarkeit.

Forschungsberichte des Wirtschafts- und Verkehrsministeriums Nordrhein-Westfalen

---

Die Harze werden in verschiedener Einstellung, als hochviskose Flüssigkeiten, schwere Pasten oder Pulver geliefert. Die Wahl des Klebertyps hängt von der Anwendungsart, der Verbindungsart und der erwünschten Reaktionsgeschwindigkeit ab. Die Reaktion erfolgt je nach der Zusammensetzung entweder durch chemische Umwandlung bei Raumtemperatur oder bei höheren Temperaturen.

Die flüssigen Kleber erfordern den Zusatz von Härtern und haben nach der Vermischung eine Verarbeitungsdauer von 30 Minuten bis 4 Stunden, die von der Zusammensetzung und Temperatur abhängig ist. Für Maximalfestigkeiten und chemische Beständigkeit wird allgemein eine Härtezeit von 4 - 6 Tagen verlangt.

Kleber als Pulver oder in zäher Form erfordern keinen Härterzusatz. Sie lassen sich bei Raumtemperatur ohne Umwandlung lagern. Erst unter Hitzeeinwirkung bilden sie eine feste Verklebung. Die Aushärtezeit wird bei erhöhter Temperatur stark verkürzt. Bei 120°C ist allgemein eine Härtezeit von nahezu 24 Stunden erforderlich, bei 160°C von 2 Stunden und schließlich bei 260°C von nur 5 Minuten. Längere Hitzeeinwirkungen bis zu 160°C beeinflussen die Klebereigenschaften nicht merklich. Es ist jedoch dafür zu sorgen, daß bei höheren Temperaturen wegen der Versprödung kein Überhärten eintritt.

Je nach der Zusammensetzung werden an Metallverbindungen Scherfestigkeiten zwischen 70 und 500 kg/cm^2 genannt, wobei die Scherfestigkeit von der Metalltype, Metalldicke und der Überlappungslänge abhängig ist. Die hitzehärtbaren Kleber ergeben beachtlich höhere Festigkeiten als die bei Zimmertemperatur härtenden Klebertypen. Die Hitzebeständigkeit des ausgehärteten Klebers fällt oberhalb 100°C stark ab. Die chemische Beständigkeit ist von der Zusammensetzung abhängig, aber im allgemeinen ausreichend gegen Benzol, Alkohol, Aceton, Benzin und Öl. Die Wasserbeständigkeit kann ebenfalls als ausreichend angesehen werden, obgleich der Kleber bei längerem Untertauchen in Wasser, insbesondere bei höherer Temperatur, an Festigkeit verliert.

Die sogenannten Kaltkleber haben den besonderen Vorteil, bei Raumtemperatur und fast ohne Druck Verklebungen von beachtlicher Festigkeit zu ergeben. Dies ist von Bedeutung bei der Verklebung großer Flächen und beim Verkleben verschiedener Materialien, wo der Einfluß des Wärmeausdehnungskoeffizienten groß ist. Günstig ist ferner, daß beim Abbinden keine flüchtigen Bestandteile ausgeschieden werden.

Forschungsberichte des Wirtschafts- und Verkehrsministeriums Nordrhein-Westfalen

Mit Äthoxylinharz-Klebstoffen lassen sich sehr viele Materialien einschließlich Eisen- und Leichteisenmetalle, Tonwaren, Holz, Glas und Kunststoffe verkleben. Die Hauptanwendungsgebiete liegen im Verkleben von Aluminiumfolien mit Metallwaben in Verbundbauweise, von Gummi-Metall-Verbindungen und von sehr unterschiedlichen Materialien wie Holz-Metall und Metall-Glas.

2.212 Hitzehärtbare Gummi-Klebstoffe

In dieser Gruppe gibt es Gummi-Kleber, die, je nach der Menge der beigefügten härtenden Komponente, weich belassen oder härter gemacht werden können. So liefert ein solcher bei $150^\circ C$ gehärteter Kleber z.B. gute Schubfestigkeiten bei Metall-Metall-Verbindungen. Vor allem sind dann gute Festigkeiten zu erreichen, wenn diese Kleber hitzehärtbare Harze und eigens gummihärtende Komponenten enthalten. Durch die härtende Komponente wird die Beständigkeit dieser Klebstoffe gegenüber verschiedenen Chemikalien verbessert; ebenfalls die Zerreißfestigkeit. Diese Kleber werden im allgemeinen durch Zumischen der gummielastischen Komponente in der Qualität heraufgesetzt. Durch den teilweisen thermoplastischen Charakter erzielen die Kleber höhere Bruchlasten und sind über einen größeren Temperaturbereich gebrauchsfähig. Sie sind jedoch nicht so temperaturfest wie die reinen heißhärtenden duroplastischen Kleber. Die Gummikomponente dieser Kleber dient als Weichmacher für das Harz, indem sie das Harz zäh macht und somit die Kerbzähigkeit erhöht. Hitzehärtbare Harze können jedoch nicht nur durch Gummi, sondern auch durch thermoplastische Harze erweicht werden. Eine Anzahl von Klebstoffen ist aus Phenol-Harzen entwickelt worden, die mit Nylon oder Vinyl-Harzen verschiedener Typen modifiziert wurden. Diese Kleber müßten richtig genommen als "hitzehärtbare-thermoplastische" Klebstoffe bezeichnet werden. In ihren Eigenschaften nähern sie sich jedoch den hitzehärtbaren Klebern viel mehr, als den thermoplastischen. Einige dieser Produkte sind zur Metall-Verklebung verwendbar.

In diese Gruppe gehören die Mischungen mit <u>Neoprene-Harz-Kleber</u>. Sie sind besonders zum Verkleben von Metall mit Metall geeignet. Flüssige Neoprene-Kleber werden mit Toluol oder Methyl-Äthyl-Keton oder einem Gemisch dieser Lösungsmittel hergestellt, die wegen ihrer geringen Viskosität zum Aufspritzen oder Aufbürsten verwendet werden können. Der Klebstoff wird unter Druck bei etwa $160^\circ C$ ausgehärtet. Die Härtezeit beträgt 15 - 30 Minuten, nachdem die Klebverbindung die Härtetemperatur erreicht hat.

Gehärtete Filme sind relativ fester als rein thermoplastische Klebertypen, die später zu besprechen sind, aber nicht so fest wie gut gehärtete Phenolharze. Sie besitzen eine gewisse Elastizität und unter Belastung verformen sie sich. Diese Eigenschaft ist von Bedeutung, da sie innerhalb der Klebverbindung einen Ausgleich der Spannungen bringt und dem Kleber ausgezeichnete Dauerermüdungseigenschaften und Schlagfestigkeiten verleiht. Die Schubfestigkeiten sollen zwischen 200 - 350 kg/cm^2 liegen. Die Beständigkeit gegen die gewöhnlichen Chemikalien ist ausgezeichnet. Die Verklebungen sind über einen weiten Temperaturbereich zwischen -60 ^{o}C und +80 ^{o}C gut haltbar, obgleich die Festigkeiten bei erhöhter Temperatur tiefer liegen als bei Raumtemperatur, z.B. bei 80 ^{o}C ist die Festigkeit bereits um 50 % gefallen.

Gute Verklebungen lassen sich mit den verschiedensten Metallen wie Aluminium, Magnesium und Stahl erreichen. Einige Typen verkleben relativ schlecht mit Kupfer, Zink und Chrom. Ferner haben sich die Neoprene-Harz-Kleber bei der Vorlackierung von Metallen als wertvoll erwiesen, die nach der Aushärtung mit kaltbindenden Phenol- und Resorcin-Klebern bestrichen und mit Holz verklebt werden. Dieser Arbeitsprozeß vermindert Verwerfungen und innere Spannungen, die sonst bei Verklebungen von Holz mit Metall durch den Unterschied der Wärmeausdehnungskoeffizienten leicht auftreten und oft beim Abkühlen zu Klebnahtbrüchen führen. Mit einem Trägermaterial aus Glasgewebe oder Tuch, z.B. Nylon und andere lassen sich mit diesen Klebern Klebstreifen herstellen.

Zu den sogenannten hitzehärtbaren Gummiklebern muß ebenso das __Buna-N-Harz__ (Arcyl Nitril Butadien Harz) gerechnet werden. Es kommt ebenfalls in flüssiger Form und als Klebstreifen in den Handel. Die flüssigen Kleber können aufgespritzt, aufgebürstet oder aufgepreßt werden. Sie erfordern nach der Aufbringung ein Abtrocknen des Lösungsmittels bis der Film relativ unklebrig ist. Darauf werden sie unter Hitze und Druck ausgehärtet. Obgleich eine Aushärtung schon bei 160 ^{o}C in 20 Minuten erreicht werden kann, führt ein Aushärten bei höherer Temperatur zu größerer Festigkeit. Klebestreifen, welche nur aus dem Kleber bestehen, benötigen ebenfalls Hitze und Druck zum Aushärten.

Die Kleber zeigen gute Klebeigenschaften, die Zugfestigkeiten liegen zwischen 250 - 550 kg/cm^2 und es werden Schubfestigkeiten von 200 - 250 kg/cm^2 genannt. Gute Schlagfestigkeit und Dauerfestigkeit, sowie

Beständigkeit gegen Kaltfließen und Kriechen sind hervorzuhebende Eigenschaften der Buna-N-Produkte. Mit steigender Temperatur nehmen die Festigkeiten bei bestimmten Mischungen zunächst zu. Die Mischprodukte zeigen im Vergleich zu anderen Metallklebern allgemein eine gute Hitzebeständigkeit. Zum Dauergebrauch können sie bei 120 °C und zeitweiser Belastung angewendet werden und unter mäßiger Belastung noch Temperaturen zwischen 250 - 300 °C ausgesetzt werden.

Die Hauptanwendung finden die hitzehärtbaren Buna-N-Kleber bei höherer Temperaturbeanspruchung, wie das Verkleben von Bremsbelägen auf Bremsbacken und Schaltkupplungen und bei der Befestigung von Schmirgelscheiben auf Metallhaltern.

Außer den genannten Klebermischungen auf Gummi-Duroplast Basis gibt es verschiedene Typen auf Thermoplast-Duroplast Basis wie z.B. Vinyl-Formal-Phenol-Harz-Kleber. Sie sind in drei Formen im Handel:

1) als Lösungen, die aufgespritzt, aufgebürstet oder aufgerollt werden
2) als Streifen mit einem Kleberüberzug auf beiden Seiten eines Gewebes
3) in zwei Komponenten, bestehend aus flüssigem Phenolharz und Vinyl-Formal in Pulverform.

Die Kleber müssen unter Druck und bei Temperaturen zwischen 110 und 150 °C ausgehärtet werden. Allgemein liegt die beste Klebfilmdicke zwischen 0,05 und 0,15 mm.

Schub-, Zug- und Schlagfestigkeiten sind bei diesen Klebern verhältnismäßig gut. Bei Aluminiumverklebungen liegen die Schubfestigkeiten zwischen 210 - 350 kg/cm^2, die Zugfestigkeiten zwischen 70 - 280 kg/cm^2. Bei erhöhten Temperaturen erweicht der Kleber, und das Kriechen ist natürlich höher als bei Raumtemperatur. Die Zusammensetzung des Klebers ist von großem Einfluß auf die Festigkeit. Die Ermüdungseigenschaften der zähen, hitzehärtbaren Kleber sind gut. Häufig treten nach einigen Millionen Wechsel Materialbrüche auf. Die Kleber sind gegen allgemein für Kunststoffe als unbeständig bekannte Chemikalien wie Kohlenwasserstoffe, Öl, hydraulische Flüssigkeiten und Wasser etc. beständig.

Typische Anwendungsgebiete für diese Kleber sind Metall-Metall-Verbindungen im Flugzeugbau, Holz-Metall in Verbundbauweise, metallumkleidetes Sperrholz usw. Ebenfalls werden diese Kleber als Grundlack auf Metall aufgetragen als Vorbereitung für eine nachfolgende Kaltverklebung mit Holz durch Resorcin oder Phenolkleber.

Die Klebstoffe der Vinyl-Butyral-Phenol-Harz-Gruppe besitzen viele Eigenschaften der Vinyl-Formal abgewandelten Phenole, sind jedoch nicht ganz so fest und zäh. Die Festigkeitswerte und ihre chemische Beständigkeit sind jedoch meist voll ausreichend. Wegen ihrer guten elektrischen Eigenschaften und ihrer Fähigkeit verschiedenste Materialien zu verkleben, haben diese Kleber große Anwendung bei elektrischen Verbindungen gefunden. Ebenfalls werden sie als Grundlack bei Metall verwendet, das anschließend mit Resorcin oder Phenolklebern bestrichen wird, beim Verkleben von Kupferfolien mit Kunststoffschichten im Schalterbau oder zum Verkleben von Kork und Gummi mit Metall bei Schaltkupplungen.

2.23 Thermoplastische Klebstoffe

2.231 Thermoplastische Harz-Klebstoffe

Thermoplastische Harze sind wie alle Kunststoffe hochpolymer. Sie setzen sich aus langen linearen Molekülfäden zusammen und sind praktisch nicht dreidimensional vernetzt. Die chemische Reaktion verläuft als Kettenreaktion ohne Abscheidung einer chemischen Komponente. Die Harze sind durch Lösemittel aufzulösen oder in Wasser emulgierbar. Andererseits können sie durch Weichmacher und in einigen Fällen auch durch Füllstoffe in ihren Eigenschaften modifiziert werden. Sie haben alle die Eigenschaft des Weichwerdens in der Wärme. Während der Klebung werden sie nicht chemisch umgewandelt. Die hitzehärtbaren Klebstoffe werden beim Aushärten chemisch umgewandelt, sind aber in ihren Festigkeitseigenschaften wesentlich weniger temperaturabhängig als die thermoplastischen Klebstoffe. Diese haben außerdem den Nachteil, daß bei der Aushärtung Lösemittelreste entweichen, wodurch eine Schrumpfung des Klebefilms eintritt und oft fehlerhafte Verklebungen verursacht werden.

Die ältesten thermoplastischen Klebstoffe sind die Zellulosenitrat-Kleber. Sie verkleben die verschiedensten Materialien wie Glas, Leder, Metall, Stoff und einige Kunststoffe. Der Klebfilm ist brennbar, sie sind wasserbeständig und binden sehr gut, besitzen hohe Viskosität und gute Haftfähigkeit. Vielfach werden sie auch heute noch als Klebkitte im Haushalt verwendet.

Die Polyvinylacetat-Kleber sind vielseitige Klebstoffe auf der Basis der thermoplastischen Vinylharze. Je nach Viskosität, die abhängig von den Zusatzstoffen ist, können sie aufgewalzt, aufgebürstet oder aufgespritzt werden. Gute Adhäsion erzielt man z.B. bei Metall, Glas, Holz sowie porösen Materialien aus Leder und Tuchen. Die Beständigkeit gegen Wasser und die meisten Lösemittel ist nur mäßig, der chemische Widerstand gegen Fett, Öl und Benzin jedoch ausgezeichnet. Der thermoplastische Charakter dieses Klebstoffes führt hauptsächlich zu Brüchen bei Dauerbeanspruchung. Die Feuchtklebrigkeit und die schnell bindende Eigenschaft der Vinylacetat-Kleber machen sie zur automatischen Beschilderung, Behälterabdichtung und zur schnellen Verklebung von Metallfolien mit Papier brauchbar.

Auch Schellack gehört als Klebstoff in diese Gruppe. Seit vielen Jahren wird er als heißschmelzender Klebstoff oder in Alkohollösung verarbeitet. Gute Verbindungen werden bei porösen Materialien und auch bei einigen Metallen erzielt. Die Wasserbeständigkeit ist gut, ebenso die Beständigkeit gegen Fett und Öl. Da der Kleber thermoplastisch ist, erweicht er unter Hitzeeinwirkung. Verwendet wird Schellack in der Elektroindustrie, bei schwer anzufeuchtenden Metallen und als Dichtungskitt.

2.232 Thermoplastische Gummi-Klebstoffe

Die thermoplastischen Kleber können in der gleichen Weise wie die duroplastischen Kleber durch Gummikomponenten modifiziert werden. Die Gummierzeugnisse unterscheiden sich von den thermoplastischen Harzen durch folgende Eigenschaften: Ölbeständigkeit, Stoßfestigkeit und Alterungsbeständigkeit. Bei der großen Variierung der Mischungen und der Verschiedenheit der Ausgangsprodukte zeigen die Klebstoffe sehr verschiedene Festigkeitseigenschaften.

Beispiele für thermoplastische Gummiklebstoffe sind die weit verbreiteten Gummikleber auf Regeneratgummibasis. Sie sind wegen des billigen Grundmaterials und des billigen Kohlenwasserstoffes, der als Lösungsmittel dient, relativ niedrig im Preis. Der Regeneratgummi wird mit klebrigen Harzen und in einigen Fällen mit nichtoxydierenden Füllstoffen und andern Materialien modifiziert. Die Konsistenz der Regeneratgummi-Kleber kann von dünnem Sirup bis zur schwerflüssigen Paste variieren. Die Klebfähigkeit, Festigkeit und Hitzebeständigkeit ist davon weitgehend abhängig. Obgleich sie bei kurzzeitiger Belastung für Gummikleber hohe Scher- und

Schälfestigkeiten besitzen, versagen sie bei relativ niedrigen Belastungen während einer längeren Zeitdauer.

Regeneratgummi klebt mit einer Reihe von Materialien einschließlich Metallen, angestrichenen Metallen, Holz, Leder, Gewebe und einigen Naturgummiverbindungen. Er wird vor allem zum Verkleben von Filz oder Schaumgummi mit Metall benutzt.

Die chemischen Derivate von Naturgummi und in einigen Fällen auch von synthetischem Gummi sind ebenfalls bedeutende Ausgangsprodukte für Klebstoffe. Cyclo-Gummi ist z.B. ein chemisches Derivat von Gummi. Er ist von Natur aus harzförmig und wird zur Verklebung von Gummi mit Metall und anderen Materialien verwendet. Im Vergleich zu unbehandeltem Gummi zeichnet er sich durch gute Klebfestigkeit, gute chemische Beständigkeit und durch Haltbarkeit aus. Diese Kleber sind im allgemeinen löslich, wegen ihrer hohen spezifischen Adhäsion aber besonders wertvoll. Hydrochlor-Gummi ist ein Harzderivat und wird zur Verklebung von Gummi mit Metall während der Vulkanisation verwendet. Diese Klebstoffe sind meist Mischprodukte in gelöster Form.

Wie bereits besprochen, können die Neoprene-Kleber je nach Einstellung und Verfahren duro- bzw. thermoplastischen Charakter erhalten. Allgemein können Klebstoffe, die Neoprene enthalten, vom Lösemittel- oder Latextyp sein. Die Lösungskleber sind selten reine Neoprenlösungen, sondern meist mit härtbaren Harzen, Metalloxyden, Füllstoffen oder andern Materialien vermischt, die die Adhäsion, die Hitzebeständigkeit und die Klebfestigkeit modifizieren. Als Lösungsmittel werden allgemein Toluol, Acethylacetat mit Naphtha, Methyl-Acethyl-Ketone und Naphtha oder andere verwendet. Die Konsistenz reicht vom dünnflüssigen Zustand zum Spritzen oder Streichen bis zu nahezu festen Verbindungen zur Auftragung mit Kelle oder Spatel.

Neoprene-Kleber haben ausgezeichnete Klebeigenschaften. Die Scher- und die Schälfestigkeiten liegen im Vergleich zu andern Gummiklebern verhältnismäßig hoch. Obgleich die Neoprenetypen für Dauerbeanspruchung bei Temperaturen über 95 °C nicht zu empfehlen sind, sollen einige Typen relativ kurze Beanspruchung bei niedriger Last und Temperaturen bis zu 175 °C ertragen. Dauerbeeinflussung hoher Temperaturen kann zum Freiwerden der sauren Bestandteile des Neoprenes führen, was eine Korrosion der Metallflächen und ein Erweichen der Gewebe nach sich ziehen kann. Einige Kleber werden auf dieser Basis in zwei Komponenten geliefert, der eigentliche Kleber und als Zusatz ein Härtebeschleuniger. Beide Teile werden bei der Anwendung verrührt. Nach der Mischung sind sie bis zu 8 Stunden verstreichbar und erzielen binnen 48 Stunden eine 80 %ige Bindung. Nach 3 Wochen ist der Bindeprozeß vollkommen abgeschlossen.

Neoprene-Kleber kleben viele Materialien einschließlich Metalle, Leder, Gewebe, Kunststoffe usw.

Eine neuere Gruppe von Kunststoffen, die nach dem Polyadditionsverfahren hergestellt ist, liefert Werkstoffe auf der Basis von Isozyanaten, die unter der Bezeichnung Polyurethane bekannt geworden sind.

Neben den linearen Polyurethanen haben die vernetzten Polyurethane als Gießharze große Bedeutung erlangt. Polyurethane sind hart bis elastisch einstellbare hochwertige wasser-, benzin- und ölfeste Kunststoffe. Die Vorprodukte sind Desmophen und Desmodur. Die für den jeweiligen Zweck abgestimmten Komponenten werden vor Gebrauch gemischt. Bei Raumtemperatur bindet der Kleber in einigen Tagen ab, zu 80 % nach 12 - 48 Stunden; durch Temperaturen von 120 - 180 °C wird die Abbindezeit auf 1 - 3 Stunden verkürzt. Bei Stahlverklebungen liegt die Scherfestigkeit zwischen $2 - 4 \text{ kg/mm}^2$, bei Leichtmetall zwischen $1 - 2 \text{ kg/mm}^2$, sinkt jedoch bei Temperaturen um 100 °C auf etwa 50 % ab. In Wasser, Methanol, Methylacetat und Methylenchlorid sinkt die Scherfestigkeit beträchtlich ab, während sie durch andere Lösungsmittel kaum beeinflußt wird. Die Polyurethankleber sind für Stahl, Leichtmetalle, Buntmetalle, Porzellan, Glas und Kunststoffe geeignet [11].

In dieser Übersicht über die verschiedenen Klebertypen aus den 3 Komponenten Duroplaste, Thermoplaste und Gummi mit den bekanntgewordenen Kombinationen wurde eine innere Gliederung nach den Ausgangsstoffen angestrebt und eine Deutung der jeweils spezifischen Eigenschaften der einzelnen Kombinationen von den Ausgangsstoffen her versucht. Damit hoffen wir einen Weg beschritten zu haben, der es gestattet, die Stoffülle einer derartigen Darstellung auf ein Minimum zu beschränken und das Verständnis der wesentlichen Zusammenhänge zu erleichtern.

2.3 Die Herstellung einer Klebverbindung

2.31 Die Wahl des Klebstoffes [8]

In Anbetracht der verschiedenartigen im Handel erhältlichen Kleber, könnte man erwarten, daß die Wahl des geeignetesten Klebstoffes für ein gegebenes Anwendungsgebiet schwierig wäre. Das große Gebiet der Kleber kann man jedoch auf wenige Grundtypen einengen. Aus dem eigentlichen Klebproblem heraus folgt meistens bereits, welche Faktoren von vordringlicher oder untergeordneter Wichtigkeit sind. Oft ist ein Kompromiß zu schließen zwischen dem, was verlangt wird, und dem, was möglich ist. Da es unmöglich ist, alle Einzelheiten erschöpfend zu behandeln, sollen nur die wesentlichen Gesichtspunkte genannt werden:

1) Haftfestigkeit des Klebers mit dem Grundmaterial
2) Chemischer Aufbau des Klebers
   Affinität und Komponenten mit Rücksicht auf das Grundmaterial (Korrosion)
3) Beanspruchung der Klebnaht
   a) Betriebstemperatur
   b) Festigkeitsanforderungen
      (Zug, Biegung, Überlagerung)
   c) Dauerbelastung, stoßweise
      Belastung, ruhende Belastung
   d) Chemische Beanspruchung
      1) Material
      2) Kleber
      3) Alterungsfestigkeit des Klebers
      4) Einfluß von Luft und Wechselklima
   e) Erforderlicher Sicherheitsfaktor
      1) Herstellungsbedingungen der Klebung
      2) Wichtigkeit des Teils im Gesamtrahmen der Konstruktion
4) Herstellungskosten.

2.32 Die Technik des Klebens [2, 8, 1o, 11]

Das Verbinden von Einzelteilen durch einen Klebstoff besteht aus einer Reihe von Einzeloperationen, die alle sorgfältig auszuführen sind, damit ein gutes Endresultat erzielt wird. Die Zahl der Operationen und die

Klebmethode ist von verschiedenen Faktoren abhängig, wie z.B. vom Grundmaterial, vom Klebertyp, von der Form der zu verbindenden Teile, von den verfügbaren Vorrichtungen usw. Einige Grundregeln sind jedoch für alle Arten der Verklebung gültig und verdienen deshalb eine ausführlichere Betrachtung.

2.321 Oberflächenvorbereitung beim Kleben

Sämtliche Klebstoffe erfordern eine saubere Oberfläche des Grundmaterials, die frei von Schmutz, Öl, Fett oder sonstigen Verunreinigungen sein muß. Eine gute Oberfläche kann mit mechanischen oder chemischen Mitteln oder durch Kombination beider erreicht werden. Ein mechanisches Aufrauhen schwächt in jedem Falle das Grundmaterial und kann bei kerbempfindlichem Grund- und Kleber-Material die statische und dynamische Festigkeit stark herabsetzen. Durch ein Ätzverfahren (Pickling Process) wird ebenfalls die angestrebte Vergrößerung der Klebfläche und zwar ohne Schädigung des Grundwerkstoffes erzielt. Bei Aluminium und seinen Legierungen hat sich von verschiedenen Ätzverfahren, die nach der britischen Spezifikation D.T.D 915 A festgelegte am besten bewährt. Das Ätzen ersetzt nur das Abschleifen, nicht aber das Entfetten. In solchen Fällen, wo die Metallteile lackiert sind, ist eine mechanische Reinigung der Oberfläche nötig. Die chemischen Reinigungsverfahren sind für die einzelnen Metalle verschieden. Einige gebräuchliche Verfahren sollen angeführt werden.

Aluminium kann mit säurehaltigen oder alkalischen Mitteln gereinigt werden. Mit einem alkalischen Reiniger aus Natronlauge mit Natriumsilikat-Zusatz läßt sich Aluminium bei einer Temperatur von 70 - 80 °C in 4 - 5 Minuten säubern. Danach sollte das Aluminium in fließendem Wasser abgespült werden. Eine Chromsäurebespülung bzw. Salpetersäurebespülung nach der alkalischen Säuberung verhütet eine Korrosion durch Alkalirückstände.

Stahl muß von Rost und Frässchuppen befreit werden, ebenso von Schmutz und Fett. Ein alkalischer Reiniger entfernt Schmutz und Fett. Zur Klebflächenvergrößerung läßt sich ein anschließender Pickling-Process verwenden. Gesäuberte Stahlteile sollten sofort nach dem Trocknen verklebt werden, um eine Rostbildung zu verringern.

Magnesium kann leicht mit einer Drahtbürste und durch anschließendes Tauchen in ein heißes Alkalibad und Abspülen in fliessendem Wasser gesäubert werden. In der Flugzeugindustrie wird im allgemeinen nach der

Reinigung des Metalls die Fläche vor der Verklebung mit einem Zink-Chromat-Grundlack überzogen.

Kunststoffe auf Grundlage von Phenol und ähnlichen hitzehärtbaren Stoffen müssen vor dem Verkleben geschliffen werden, um Preßrückstände zu beseitigen. Beim Säubern der Kunststoffe von Staub und Schmutz sollten keine zu starken Lösemittel verwendet werden, weil sie Rißbildung oder Erweichen des Kunststoffes verursachen können.

Holz sollte unmittelbar vor dem Verkleben bearbeitet werden. Abhobeln ist besser als Schmirgeln. Die Oberflächen müssen von Staub frei sein.

2.322 Aufbringen des Klebstoffes

Die Methoden, um den Kleber aufzutragen, sind verschieden und von der Oberflächenbeschaffenheit des Materials, dessen Dimension, sowie der Konsistenz und den sonstigen physikalischen Eigenschaften der Kleblösung abhängig. Gebräuchliche Verfahren sind:

Das **Fließen** oder Fließaufstreichen erfolgt mit sogenannten Lochbürsten, durch die der Kleber zugeführt wird, oder mittels Fließpistolen, um den Kleber in Streifen bis zu 2,5 cm Breite auf das Werkstück zu bringen. Der Kleber wird durch Preßluft oder wenn er sehr dickflüssig ist durch besondere Druckpumpeinrichtungen aufgebracht. Die erzielten Klebfilme sind gleichmäßig eben.

Das **Spritzen** wird mit Spritzeinrichtungen ausgeführt, die den Farbspritzgeräten ähnlich sind. Große Flächen und Folien werden durch Aufspritzen wirtschaftlich verklebt. Automatischer Spritzauftrag von Klebern ist nur bei Serienfertigung wirtschaftlich, die Vorteile sind niedrige Arbeitskosten und gleichmäßige Filmdicke, jedoch ist eine Kontrolle der Viskosität erforderlich.

Das **Aufwalzen** der Kleber wird bei der Aufbringung auf ebene Flächen angewendet. Die Vorrichtung besteht aus mehreren Walzen; eine Rolle nimmt den Kleber auf und die zweite Rolle bestimmt die eigentliche Filmdicke und bringt den Klebstoff auf das Material.

2.323 Zusammenfügen und Aushärten

Die Fertigungsmethode von Klebverbindungen hängt vom Material, dessen äußerer Form und den Eigenschaften des Klebers ab. Es ist ratsam, den Kleber sofort nach dem Reinigen auf die Fläche zu bringen, um neue

Verunreinigungen zu vermeiden. Je nach Klebertyp sind die Fügeteile vorher zu erwärmen bzw. nach dem Auftragen des Klebstoffes vorzutrocknen.

Das Aushärten einer Klebnaht erfordert gewöhnlich während des Härtevorganges die Aufbringung von Druck. Während des Aushärtens soll der Druck die zu verklebenden Teile fixieren und einen festen Kontakt zwischen Kleber und Material und damit eine gleichmäßige Klebfilmdicke gewährleisten. Der Druck kann auf verschiedene Weise aufgebracht werden, sie ist von der Kleberart, der Form und der Größe der Teile abhängig. Der Druck kann durch Klammerung, Gewichte, hydraulische Druckeinrichtungen, Druckkessel oder Vakuumbeutel erzeugt werden. Die entsprechende Druckhöhe variiert mit der Klebertype und der Verklebungsart. Während der Aushärtung soll der Druck konstant gehalten werden und möglichst gleichmäßig über der Klebfläche verteilt sein.

Für die hitzehärtbaren Kleber ist Hitze die Voraussetzung für eine Verklebung. Allgemein wird Hitze und Druck gleichzeitig angewendet. Die Aushärtung kann durch Erhitzung im Ofen, Dampf, heißes Wasser oder Öl, elektrisches Widerstandserhitzen, dielektrisches und induktives Erhitzen erfolgen. Die Zeit zum Aushärten eines Klebers wird von den Klebstoffherstellern in Abhängigkeit von der Härtetemperatur angegeben und gilt dann, wenn die Klebverbindung die angegebene Temperatur erreicht hat. Die Zeit, die zum Erreichen dieser Temperatur benötigt wird, wird nicht miteingerechnet.

2.324 Allgemeine Richtlinien für die Kleber und Klebverfahren

Aus den bisherigen Ausführungen geht hervor, wie sehr es zur Erzielung einer einwandfreien Klebverbindung mit maximaler Festigkeit auf eine möglichst genaue Einhaltung der jeweiligen Arbeitsbedingungen ankommt. Die Arbeitskräfte sind erst mit der Verfahrenstechnik des Klebens genügend vertraut zu machen, bevor man sie hochbelastete Klebverbindungen herstellen läßt.

Im einzelnen sind folgende Richtlinien zu beachten:

Der Klebstoff soll

1. eine gute Benetzung der Verbindungsflächen gewährleisten
2. eine gute Kohäsion und Adhäsion besitzen
3. möglichst ohne Ausscheiden von Reaktionsprodukten bei Raumtemperatur und ohne Druck aushärten

4. möglichst unempfindlich gegen Temperatur, Witterung und Chemikalien sein
5. keine Korrosion am Werkstoff hervorrufen
6. einfach verarbeitbar, geruchlos, geschmackfrei und ungiftig sein.

Für die Verklebung soll gelten

1. Möglichst gleich hohe Festigkeit, wie das Grundmaterial (mindestens muß die $\sigma_{o,2}$-Grenze erreicht werden)
2. Keine Entfestigung des Metalls durch zu hohe Aushärtetemperaturen
3. Hohe Festigkeit bei ruhender und wechselnder Last
4. Gute und zuverlässige Dichtverbindung
5. Keine Oberflächennachbehandlung der Verbindungsstellen, d.h. möglichst glatte Außenhaut
6. Verbindungsstellen möglichst wirtschaftlich im Verhältnis zum Verbindungseffekt
7. Sorgfältig vorbereitete und genau passende Klebflächen
8. Gründliche Reinigung von Schmutz, Öl usw. vor dem Auftrag des Klebers
9. Vortrocknung bzw. Vorwärmung des Klebstoffilmes nach Herstellerangaben
10. Möglichst gleichmäßige Temperatur und Druckverteilung über die gesamte Bindefläche während der Aushärtung
11. Aushärtetemperaturen, -drucke und -zeiten nach Firmenangaben
12. Möglichst niedrigere Aushärtetemperaturen und dafür längere Zeiten wählen
13. Preßdruck bis zum Unterschreiten bestimmter Temperaturen aufrechterhalten
14. Jede Verformung oder Beanspruchung des Klebfilms ist im weichen Zustand dringend zu vermeiden
15. Die ausgehärteten Proben sind langsam abzukühlen, um übermäßige Wärmespannungen zu verhindern.

Diese Grundregeln sind bei der Herstellung von Klebverbindungen einzuhalten, um den erwarteten Anforderungen zu genügen.

3. Anwendung der Metallverklebung in der Praxis

Das wichtigste Anwendungsgebiet der Metallverklebung ist bisher zweifellos die Flugzeugindustrie, weil die Klebstoffe hier manche Vorteile bieten und viele Probleme gut gelöst haben. Bei den Flugzeugtypen "Viking", "Dicomet", "Dove", "Comet" u.a. werden geklebte Bauelemente eingesetzt. Doch auch im allgemeinen Maschinenbau, im Fahrzeugbau, Bootsbau und im Bauwesen hat die Metallverklebung schon in vielen Anwendungsgebieten Eingang gefunden und sich bereits bewährt. Besondere Beachtung verdient die Möglichkeit, verschiedene Werkstoffe miteinander zu verkleben, für die Elektroindustrie. Der Gerätebau bietet dem Metallkleben ebenfalls zahlreiche Möglichkeiten.

Die mit Klebverbindungen gemachten Erfahrungen sind allgemein bei richtigem Einsatz gut. In der Praxis macht die Verklebung öfter bedeutsame Vereinfachungen bei der Fertigung möglich und führt in vielen Fällen zu einer rationelleren Ausnutzung des Werkstoffes.

Die vorliegende Schrift gibt auf Grund eines umfassenden Literaturstudiums einen Ausschnitt über den Stand des Metallklebens, insbesondere über die Eigenschaften und Verwendung der verschiedenen Klebstofftypen. Für die Sammlung und kritische Auswertung der Literatur danke ich besonders meinen Mitarbeitern Herrn Oberingenieur Dr.-Ing. H. PEUKERT und Herrn cand.ing. J. ZÖHREN.

Im Forschungsbericht Nr. 246 wird über umfangreiche Forschungsarbeiten auf dem Gebiete der Metallklebung und die bei den durchgeführten Versuchen gemachten Erfahrungen berichtet.

Prof.Dr.-Ing.habil. K. KREKELER, Aachen

4. Literaturverzeichnis

[1] KREKELER, K. und LITZ — Studienarbeit T.H. Aachen

[2] KREKELER, K. und LITZ — Diplomarbeit T.H. Aachen

[3] Aluminium-Merkblatt V6: Verbinden von Aluminium durch Klebstoffe. Aluminium-Zentrale, Düsseldorf

[4] TRIETSCH, F.K. — Mitteilungen der Ciba-AG., Wehr/Baden

[5] KREKELER, K. und GROSS — Diplomarbeit T.H. Aachen

[6] KLINE, G.M. und F.W. REINHART — Die Grundlagen des Klebens. Mechanical Engineering Bd. 72 (1950) Heft 9, S. 717/722

[7] KREKELER, K. — Neue Untersuchungen an Leichtmetallklebverbindungen. Aluminium Bd. 29 (1953) Heft 4, S. 151/161

[8] KOEHN, G.W. — Design manual on adhesives. Machine Design April 1954, S. 144/174

[9] EPSTEIN, G. — Adhesive bonding of metals. Reinhold Publishing Corp., New York, 1954

[10] Ciba-AG. Arbeitsvorschrift für Araldit

[11] PABST, F. — Kunststoff-Taschenbuch (1955)

[12] KALISKE, G. — Untersuchungen und Studien zum Metallkleben. Aluminium Bd. 31 (1955) Heft 4, S. 151/156

[13] BRENNER, P. und A. MATTING — Festigkeitsuntersuchungen an geklebten Leichtmetallverbindungen. Aluminium Bd. 30 (1954) Heft 1, S. 3/9

FORSCHUNGSBERICHTE
DES WIRTSCHAFTS- UND VERKEHRSMINISTERIUMS
NORDRHEIN-WESTFALEN

Herausgegeben von Staatssekretär Prof. Leo Brandt

HEFT 1
Prof. Dr.-Ing. E. Flegler, Aachen
Untersuchungen oxydischer Ferromagnet-Werkstoffe
1952, 20 Seiten, DM 6,75

HEFT 2
Prof. Dr. W. Fuchs, Aachen
Untersuchungen über absatzfreie Teeröle
1952, 32 Seiten, 5 Abb., 6 Tabellen, DM 10,—

HEFT 3
Techn.-Wissenschaftl. Büro für die Bastfaserindustrie, Bielefeld
Untersuchungsarbeiten zur Verbesserung des Leinenwebstuhls
1952, 44 Seiten, 7 Abb., 3 Tabellen, DM 12,50

HEFT 4
Prof. Dr. E. A. Müller und Dipl.-Ing. H. Spitzer, Dortmund
Untersuchungen über die Hitzebelastung in Hüttebetrieben
1952, 28 Seiten, 5 Abb., 1 Tabelle, DM 9,—

HEFT 5
Dipl.-Ing. W. Fister, Aachen
Prüfstand der Turbinenuntersuchungen
1952, 40 Seiten, 30 Abb., 3 Schaltbilder, DM 1,—

HEFT 6
Prof. Dr. W. Fuchs, Aachen
Untersuchungen über die Zusammensetzung und Verwendbarkeit von Schwelteerfraktionen
1952, 36 Seiten, DM 10.50

HEFT 7
Prof. Dr. W. Fuchs, Aachen
Untersuchungen über emsländisches Petrolatum
1952, 36 Seiten, 1 Abb., 17 Tabellen, DM 10,50

HEFT 8
M. E. Meffert und H. Stratmann, Essen
Algen-Großkulturen im Sommer 1951
1953, 52 Seiten, 4 Abb., 20 Tabellen, DM 9,75

HEFT 9
Techn.-Wissenschaftl. Büro für die Bastfaserindustrie, Bielefeld
Untersuchungen über die zweckmäßige Wicklungsart von Leinengarnkreuzspulen unter Berücksichtigung der Anwendung hoher Geschwindigkeiten des Garnes
Vorversuche für Zetteln und Schären von Leinengarnen auf Hochleistungsmaschinen
1952, 48 Seiten, 7 Abb., 7 Tabellen, DM 9,25

HEFT 10
Prof. Dr. W. Vogel, Köln
„Das Streifenpaar" als neues System zur mechanischen Vergrößerung kleiner Verschiebungen und seine technischen Anwendungsmöglichkeiten
1953, 20 Seiten, 6 Abb., DM 4,50

HEFT 11
Laboratorium für Werkzeugmaschinen und Betriebslehre, Technische Hochschule Aachen
1. Untersuchungen über Metallbearbeitung im Fräsvorgang mit Hartmetallwerkzeugen und negativem Spanwinkel
2. Weiterentwicklung des Schleifverfahrens für die Herstellung von Präzisionswerkstücken unter Vermeidung hoher Temperaturen
3. Untersuchung von Oberflächenveredlungsverfahren zur Steigerung der Belastbarkeit hochbeanspruchter Bauteile
1953, 80 Seiten, 61 Abb., DM 15,75

HEFT 12
Elektrowärme-Institut, Langenberg (Rhld.)
Induktive Erwärmung mit Netzfrequenz
1952, 22 Seiten 6 Abb., DM 5,20

HEFT 13
Techn.-Wissenschaftl. Büro für die Bastfaserindustrie, Bielefeld
Das Naßspinnen von Bastfasergarnen mit chemischen Zusätzen zum Spinnbad
1953, 52 Seiten, 4 Abb., 19 Tabellen, DM 10,—

HEFT 14
Forschungsstelle für Acetylen, Dortmund
Untersuchungen über Aceton als Lösungsmittel für Acetylen
1952, 64 Seiten, 10 Abb., 26 Tabellen, DM 12,25

HEFT 15
Wäschereiforschung Krefeld
Trocknen von Wäschestoffen
1953, 48 Seiten, 14 Abb., 2 Tabellen, DM 9,—

HEFT 16
Max-Planck-Institut für Kohlenforschung, Mülheim a. d. Ruhr
Arbeiten des MPI für Kohlenforschung
1953, 104 Seiten, 9 Abb., DM 17,80

HEFT 17
Ingenieurbüro Herbert Stein, M.-Gladbach
Untersuchung der Verzugsvorgänge in den Streckwerken verschiedener Spinnereimaschinen. 1. Bericht: Vergleichende Prüfung mit verschiedenen Dickenmeßgeräten
1952, 36 Seiten, 15 Abb., DM 8,—

HEFT 18
Wäschereiforschung Krefeld
Grundlagen zur Erfassung der chemischen Schädigung beim Waschen
1953, 68 Seiten, 15 Abb., 15 Tabellen, DM 12,75

HEFT 19
Techn.-Wissenschaftl. Büro für die Bastfaserindustrie, Bielefeld
Die Auswirkung des Schlichtens von Leinengarnketten auf den Verarbeitungswirkungsgrad, sowie die Festigkeit und Dehnungsverhältnisse der Garne und Gewebe
1953, 48 Seiten, 1 Abb., 9 Tabellen, DM 9,—

HEFT 20
Techn.-Wissenschaftl. Büro für die Bastfaserindustrie, Bielefeld
Trocknung von Leinengarnen I
Vorgang und Einwirkung auf die Garnqualität
1953, 62 Seiten, 18 Abb., 5 Tabellen, DM 12,—

HEFT 21
Techn.-Wissenschaftl. Büro für die Bastfaserindustrie, Bielefeld
Trocknung von Leinengarnen II
Spulenanordnung und Luftführung beim Trocknen von Kreuzspulen
1953, 66 Seiten, 22 Abb., 9 Tabellen, DM 13,—

HEFT 22
Techn.-Wissenschaftl. Büro für die Bastfaserindustrie, Bielefeld
Die Reparaturanfälligkeit von Webstühlen
1953, 28 Seiten, 7 Abb., 5 Tabellen, DM 5,80

HEFT 23
Institut für Starkstromtechnik, Aachen
Rechnerische und experimentelle Untersuchungen zur Kenntnis der Metadyne als Umformer von konstanter Spannung auf konstanten Strom
1953, 52 Seiten, 20 Abb., 4 Tafeln, DM 9,75

HEFT 24
Institut für Starkstromtechnik, Aachen
Vergleich verschiedener Generator-Metadyne-Schaltungen in bezug auf statisches Verhalten
1952, 44 Seiten, 23 Abb., DM 8,50

HEFT 25
Gesellschaft für Kohlentechnik mbH., Dortmund-Eving
Struktur der Steinkohlen und Steinkohlen-Kokse
1953, 58 Seiten, DM 11,—

HEFT 26
Techn.-Wissenschaftl. Büro für die Bastfaserindustrie, Bielefeld
Vergleichende Untersuchungen zweier neuzeitlicher Ungleichmäßigkeitsprüfer für Bänder und Garne hinsichtlich ihrer Eignung für die Bastfaserspinnerei
1953, 64 Seiten, 30 Abb., DM 12,50

HEFT 27
Prof. Dr. E. Schratz, Münster
Untersuchungen zur Rentabilität des Arzneipflanzenanbaues Römische Kamille, Anthemis nobilis L.
1953, 16 Seiten, 1 Tabelle, DM 3,60

HEFT 28
Prof. Dr. E. Schratz, Münster
Calendula officinalis L. Studien zur Ernährung, Blütenfüllung und Rentabilität der Drogengewinnung
1953, 24 Seiten, 2 Abb., 3 Tabellen, DM 5,20

HEFT 29
Techn.-Wissenschaftl. Büro für die Bastfaserindustrie, Bielefeld
Die Ausnützung der Leinengarne in Geweben
1953, 100 Seiten, 14 Abb., 10 Tabellen, DM 17,80

HEFT 30
Gesellschaft für Kohlentechnik mbH., Dortmund-Eving
Kombinierte Entaschung und Verschwelung von Steinkohle; Aufarbeitung von Steinkohlenschlämmen zu verkokbarer oder verschwelbarer Kohle
1953, 56 Seiten, 16 Abb., 10 Tabellen, DM 10,50

HEFT 31
Dipl.-Ing. A. Stormanns, Essen
Messung des Leistungsbedarfs von Doppelsteg-Kettenförderern
1954, 54 Seiten, 18 Abb., 3 Anlagen, DM 11,—

HEFT 32
Techn.-Wissenschaftl. Büro für die Bastfaserindustrie, Bielefeld
Der Einfluß der Natriumchloridbleiche auf Qualität und Verwebbarkeit von Leinengarnen und die Eigenschaften der Leinengewebe unter besonderer Berücksichtigung des Einsatzes von Schützen- und Spulenwechselautomaten in der Leinenweberei
1953, 64 Seiten, 2 Abb., 12 Tabellen, DM 11,50

HEFT 33
Kohlenstoffbiologische Forschungsstation e. V.
Eine Methode zur Bestimmung von Schwefeldioxyd und Schwefelwasserstoff in Rauchgasen und in der Atmosphäre
1953, 32 Seiten, 8 Abb., 3 Tabellen, DM 6.50

HEFT 34
Textilforschungsanstalt Krefeld
Quellungs- und Entquellungsvorgänge bei Faserstoffen
1953, 52 Seiten, 13 Abb., 13 Tabellen, DM 9,80

WESTDEUTSCHER VERLAG · KÖLN UND OPLADEN

HEFT 35
Professor Dr. W. Kast, Krefeld
Feinstrukturuntersuchungen an künstlichen Zellulosefasern verschiedener Herstellungsverfahren.
Teil I: Der Orientierungszustand
1953, 74 Seiten, 30 Abb., 7 Tabellen, DM 13,80

HEFT 36
Forschungsinstitut der feuerfesten Industrie, Bonn
Untersuchungen über die Trocknung von Rohton
Untersuchungen über die chemische Reinigung von Silika- und Schamotte-Rohstoffen mit chlorhaltigen Gasen
1953, 60 Seiten, 5 Abb., 5 Tabellen, DM 11,—

HEFT 37
Forschungsinstitut der feuerfesten Industrie, Bonn
Untersuchungen über den Einfluß der Probenvorbereitung auf die Kaltdruckfestigkeit feuerfester Steine
1953, 40 Seiten, 2 Abb., 5 Tabellen, DM 7,80

HEFT 38
Forschungsstelle für Acetylen, Dortmund
Untersuchungen über die Trocknung von Acetylen zur Herstellung von Dissousgas
1953, 36 Seiten, 11 Abb., 3 Tabellen, DM 6,80

HEFT 39
Forschungsgesellschaft Blechverarbeitung e. V., Düsseldorf
Untersuchungen an prägegemusterten und vorgelochten Blechen
1953, 46 Seiten, 34 Abb., DM 9,50

HEFT 40
Landesgeologe Dr.-Ing. W. Wolff, Amt für Bodenforschung, Krefeld
Untersuchungen über die Anwendbarkeit geophysikalischer Verfahren zur Untersuchung von Spateisengängen im Siegerland
1953, 46 Seiten, 8 Abb., DM 8,80

HEFT 41
Techn.-Wissenschaftl. Büro für die Bastfaserindustrie, Bielefeld
Untersuchungsarbeiten zur Verbesserung des Leinenwebstuhles II
1953, 40 Seiten, 4 Abb., 5 Tabellen, DM 7,80

HEFT 42
Professor Dr. B. Helferich, Bonn
Untersuchungen über Wirkstoffe — Fermente — in der Kartoffel und die Möglichkeit ihrer Verwendung
1953, 58 Seiten, 9 Abb., DM 11,—

HEFT 43
Forschungsgesellschaft Blechverarbeitung e. V., Düsseldorf
Forschungsergebnisse über das Beizen von Blechen
1953, 48 Seiten, 38 Abb., 2 Tabellen, DM 11,30

HEFT 44
Arbeitsgemeinschaft für praktische Dehnungsmessung, Düsseldorf
Eigenschaften und Anwendungen von Dehnungsmeßstreifen
1953, 68 Seiten, 43 Abb., 2 Tabellen, DM 13,70

HEFT 45
Losenhausenwerk Düsseldorfer Maschinenbau AG., Düsseldorf
Untersuchungen von störenden Einflüssen auf die Lastgrenzenanzeige von Dauerschwingprüfmaschinen
1953, 36 Seiten, 11 Abb., 3 Tabellen, DM 7,25

HEFT 46
Prof. Dr. W. Fuchs, Aachen
Untersuchungen über die Aufbereitung von Wasser für die Dampferzeugung in Benson-Kesseln
1953, 58 Seiten, 18 Abb., 9 Tabellen, DM 11,20

HEFT 47
Prof. Dr.-Ing. K. Krekeler, Aachen
Versuche über die Anwendung der induktiven Erwärmung zum Sintern von hochschmelzenden Metallen sowie zur Anlegierung und Vergütung von aufgespritzten Metallschichten mit dem Grundwerkstoff
1954, 66 Seiten, 39 Abb., DM 13,90

HEFT 48
Max-Planck-Institut für Eisenforschung, Düsseldorf
Spektrochemische Analyse der Gefügebestandteile in Stählen nach ihrer Isolierung
1953, 38 Seiten, 8 Abb., 5 Tabellen, DM 7,80

HEFT 49
Max-Planck-Institut für Eisenforschung, Düsseldorf
Untersuchungen über Ablauf der Desoxydation und die Bildung von Einschlüssen in Stählen
1953, 52 Seiten, 19 Abb., 3 Tabellen, DM 12,40

HEFT 50
Max-Planck-Institut für Eisenforschung, Düsseldorf
Flammenspektralanalytische Untersuchung der Ferritzusammensetzung in Stählen
1953, 44 Seiten, 15 Abb., 4 Tabellen, DM 8,60

HEFT 51
Verein zur Förderung von Forschungs- und Entwicklungsarbeiten in der Werkzeugindustrie e. V., Remscheid
Untersuchungen an Kreissägeblättern für Holz, Fehler- und Spannungsprüfverfahren
1953, 50 Seiten, 23 Abb., DM 10,—

HEFT 52
Forschungsstelle für Acetylen, Dortmund
Untersuchungen über den Umsatz bei der explosiblen Zersetzung von Azetylen
a) Zersetzung von gasförmigem Azetylen
b) Zersetzung von an Silikagel adsorbiertem Azetylen
1954, 48 Seiten, 8 Abb., 10 Tabellen, DM 9,25

HEFT 53
Professor Dr.-Ing. H. Opitz, Aachen
Reibwert und Verschleißmessungen an Kunststoffgleitführungen für Werkzeugmaschinen
1954, 38 Seiten, 18 Abb., 2 Tabellen, DM 8,20

HEFT 54
Professor Dr.-Ing. F. A. F. Schmidt, Aachen
Schaffung von Grundlagen für die Erhöhung der spez. Leistung und Herabsetzung des spez. Brennstoffverbrauches bei Ottomotoren mit Teilbericht über Arbeiten an einem neuen Einspritzverfahren
1954, 34 Seiten, 15 Abb., DM 7,40

HEFT 55
Forschungsgesellschaft Blechverarbeitung e. V. Düsseldorf
Chemisches Glänzen von Messing und Neusilber
1954, 50 Seiten, 21 Abb., 1 Tabelle, DM 10,20

HEFT 56
Forschungsgesellschaft Blechverarbeitung e. V., Düsseldorf
Untersuchungen über einige Probleme der Behandlung von Blechoberflächen
1954, 52 Seiten, 42 Abb., DM 11,20

HEFT 57
Prof. Dr.-Ing. F. A. F. Schmidt, Aachen
Untersuchungen zur Erforschung des Einflusses des chemischen Aufbaues des Kraftstoffes auf sein Verhalten im Motor und in Brennkammern von Gasturbinen
1954, 70 Seiten, 32 Abb., DM 14,60

HEFT 58
Gesellschaft für Kohlentechnik mbH., Dortmund
Herstellung und Untersuchung von Steinkohlenschwelteer
1954, 74 Seiten, 9 Abb., 9 Tabellen, DM 13,75

HEFT 59
Forschungsinstitut der Feuerfest-Industrie e. V., Bonn
Ein Schnellanalysenverfahren zur Bestimmung von Aluminiumoxyd, Eisenoxyd und Titanoxyd in feuerfestem Material mittels organischer Farbreagenzien auf photometrischem Wege
Untersuchungen des Alkali-Gehaltes feuerfester Stoffe mit dem Flammenphotometer nach Riehm-Lange
1954, 62 Seiten, 12 Abb., 3 Tabellen, DM 11,60

HEFT 60
Forschungsgesellschaft Blechverarbeitung e. V., Düsseldorf
Untersuchungen über das Spritzlackieren im elektrostatischen Hochspannungsfeld
1954, 82 Seiten, 53 Abb., 7 Tabellen, DM 17,—

HEFT 61
Verein zur Förderung von Forschungs- und Entwicklungsarbeiten in der Werkzeugindustrie e. V., Remscheid
Schwingungs- und Arbeitsverhalten von Kreissägeblättern für Holz
1954, 54 Seiten, 31 Abb., DM 11,40

HEFT 62
Professor Dr. W. Franz, Institut für theoretische Physik der Universität Münster
Berechnung des elektrischen Durchschlags durch feste und flüssige Isolatoren
1954, 36 Seiten, DM 7,—

HEFT 63
Textilforschungsanstalt Krefeld
Neue Methoden zur Untersuchung der Wirkungsweise von Textilhilfsmitteln
Untersuchungen über Schlichtungs- und Entschlichtungsvorgänge
1954, 34 Seiten, 1 Abb., 5 Tabellen, DM 6,80

HEFT 64
Textilforschungsanstalt Krefeld
Die Kettenlängenverteilung von hochpolymeren Faserstoffen
Über die fraktionierte Fällung von Polyamiden
1954, 44 Seiten, 13 Abb., DM 8,60

HEFT 65
Fachverband Schneidwarenindustrie, Solingen
Untersuchungen über das elektrolytische Polieren von Tafelmesserklingen aus rostfreiem Stahl
1954, 90 Seiten, 38 Abb., 9 Tabellen, DM 17,35

HEFT 66
Dr.-Ing. P. Füsgen VDI †, Düsseldorf
Untersuchungen über das Auftreten des Ratterns bei selbsthemmenden Schneckengetrieben und seine Verhütung
1954, 32 Seiten, 5 Abb., DM 6,60

HEFT 67
Heinrich Wösthoff o. H. G., Apparatebau, Bochum
Entwicklung einer chemisch-physikalischen Apparatur zur Bestimmung kleinster Kohlenoxyd-Konzentrationen
1954, 94 Seiten, 48 Abb., 2 Tabellen, DM 18,25

HEFT 68
Kohlenstoffbiologische Forschungsstation e. V., Essen
Algengroßkulturen im Sommer 1952
II. Über die unsterile Großkultur von Scenedesmus obliquus
1954, 62 Seiten, 3 Abb., 29 Tabellen, DM 11,40

HEFT 69
Wäschereiforschung Krefeld
Bestimmung des Faserabbaues bei Leinen unter besonderer Berücksichtigung der Leinengarnbleiche
1954, 48 Seiten, 15 Abb., 3 Tabellen, DM 9,60

HEFT 70
Wäschereiforschung Krefeld
Trocknen von Wäschestoffen
1954, 52 Seiten, 18 Abb., 3 Tabellen, DM 10,—

HEFT 71
Prof. Dr.-Ing. K. Leist, Aachen
Kleingasturbinen, insbesondere zum Fahrzeugantrieb
1954, 114 Seiten, 85 Abb., DM 22,—

HEFT 72
Prof. Dr.-Ing. K. Leist, Aachen
Beitrag zur Untersuchung von stehenden geraden Turbinengittern mit Hilfe von Druckverteilungsmessungen
1954, 152 Seiten, 111 Abb., DM 36,20

HEFT 73
Prof. Dr.-Ing. K. Leist, Aachen
Spannungsoptische Untersuchungen von Turbinenschaufelfüßen
1954, 66 Seiten, 46 Abb., 2 Tabellen, DM 14,60

HEFT 74
Max-Planck-Institut für Eisenforschung, Düsseldorf
Versuche zur Klärung des Umwandlungsverhaltens eines sonderkarbidbildenden Chromstahls
1954, 58 Seiten, 10 Abb., DM 14,—

HEFT 75
Max-Planck-Institut für Eisenforschung, Düsseldorf
Zeit-Temperatur-Umwandlungs-Schaubilder als Grundlage der Wärmebehandlung der Stähle
1954, 44 Seiten, 13 Abb., DM 8,70

HEFT 76
Max-Planck-Institut für Arbeitsphysiologie, Dortmund
Arbeitstechnische und arbeitsphysiologische Rationalisierung von Mauersteinen
1954, 52 Seiten, 12 Abb., 3 Tabellen, DM 10,20

HEFT 77
Meteor Apparatebau Paul Schmeck GmbH., Siegen
Entwicklung von Leuchtstoffröhren hoher Leistung
1954, 46 Seiten, 12 Abb., 2 Tabellen, DM 9,15

HEFT 78
Forschungsstelle für Acetylen, Dortmund
Über die Zustandsgleichung des gasförmigen Acetylens und das Gleichgewicht Acetylen — Aceton
1954, 42 Seiten, 3 Abb., 8 Tabellen, DM 8,—

HEFT 79
Techn.-Wissenschaftl. Büro für die Bastfaserindustrie, Bielefeld
Trocknung von Leinengarnen III
Spinnspulen- und Spinnkopstrocknung
Vorgang und Einwirkung auf die Garnqualität
1954, 74 Seiten, 18 Abb., 10 Tabellen, DM 14,—

WESTDEUTSCHER VERLAG · KÖLN UND OPLADEN

HEFT 80
Techn.-Wissenschaftl. Büro für die Bastfaserindustrie, Bielefeld
Die Verarbeitung von Leinengarn auf Webstühlen mit und ohne Oberbau
1954, 30 Seiten, 2 Abb., 2 Tabellen, DM 6,—

HEFT 81
Prüf- und Forschungsinstitut für Ziegeleierzeugnisse, Essen-Kray
Die Einführung des großformatigen Einheits-Gitterziegels im Lande Nordrhein-Westfalen
1954, 54 Seiten, 2 Abb., 2 Tabellen, DM 10,—

HEFT 82
Vereinigte Aluminium-Werke AG., Bonn
Forschungsarbeiten auf dem Gebiet der Veredelung von Aluminium-Oberflächen
1954, 46 Seiten, 34 Abb., DM 9,60

HEFT 83
Prof. Dr. S. Strugger, Münster
Über die Struktur der Proplastiden
1954, 30 Seiten, 15 Abb., DM 8,40

HEFT 84
Dr. H. Baron, Düsseldorf
Über Standardisierung von Wundtextilien
1954, 32 Seiten, DM 6,40

HEFT 85
Textilforschungsanstalt Krefeld
Physikalische Untersuchungen an Fasern, Fäden, Garnen und Geweben:
Untersuchungen am Knickscheuergerät nach Weltzien
1954, 40 Seiten, 11 Abb., 8 Tabellen, DM 10,—

HEFT 86
Prof. Dr.-Ing. H. Opitz, Aachen
Untersuchungen über das Fräsen von Baustahl sowie über den Einfluß des Gefüges auf die Zerspanbarkeit
1954, 108 Seiten, 73 Abb., 7 Tabellen, DM 22,—

HEFT 87
Gemeinschaftsausschuß Verzinken, Düsseldorf
Untersuchungen über Güte von Verzinkungen
1954, 68 Seiten, 56 Abb., 3 Tabellen, DM 15,30

HEFT 88
Gesellschaft für Kohlentechnik mbH., Dortmund-Eving
Oxydation von Steinkohle mit Salpetersäure
1954, 62 Seiten, 2 Abb., 1 Tabelle, DM 11,50

HEFT 89
Verein Deutscher Ingenieure, Gleitlagerforschung, Düsseldorf und Prof. Dr.-Ing. G. Vogelpohl, Göttingen
Versuche mit Preßstoff-Lagern für Walzwerke
1954, 70 Seiten, 34 Abb., DM 14,10

HEFT 90
Forschungs-Institut der Feuerfest-Industrie, Bonn
Das Verhalten von Silikasteinen im Siemens-Martin-Ofengewölbe
1954, 62 Seiten, 15 Abb., 11 Tabellen, DM 11,90

HEFT 91
Forschungs-Institut der Feuerfest-Industrie, Bonn
Untersuchungen des Zusammenhangs zwischen Leistung und Kohlenverbrauch bei Kammeröfen zum Brennen von feuerfesten Materialien
1954, 42 Seiten, 6 Abb., DM 8,30

HEFT 92
Techn.-Wissenschaftl. Büro für die Bastfaserindustrie, Bielefeld und Laboratorium für textile Meßtechnik, M.-Gladbach
Messungen von Vorgängen am Webstuhl
1954, 76 Seiten, 45 Abb., DM 15,50

HEFT 93
Prof. Dr. W. Kast, Krefeld
Spinnversuche zur Strukturerfassung künstlicher Zellulosefasern
1954, 82 Seiten, 39 Abb., 6 Tabellen, DM 16,—

HEFT 94
Prof. Dr. G. Winter, Bonn
Die Heilpflanzen des MATTHIOLUS (1611) gegen Infektionen der Harnwege und Verunreinigung der Wunden bzw. zur Förderung der Wundheilung im Lichte der Antibiotikaforschung
1954, 58 Seiten, 1 Abb., 2 Tabellen, DM 11,50

HEFT 95
Prof. Dr. G. Winter, Bonn
Untersuchungen über die flüchtigen Antibiotika aus der Kapuziner- (Tropaeolum maius) und Gartenkresse (Lepidium sativum) und ihr Verhalten im menschlichen Körper bei Aufnahme von Kapuziner- bzw. Gartenkressensalat per os
1955, 74 Seiten, 9 Abb., 25 Tabellen, DM 14,—

HEFT 96
Dr.-Ing. P. Koch, Dortmund
Austritt von Exoelektronen aus Metalloberflächen unter Berücksichtigung der Verwendung des Effektes für die Materialprüfung
1954, 34 Seiten, 13 Abb., DM 7,—

HEFT 97
Ing. H. Stein, Laboratorium für textile Meßtechnik, M.-Gladbach
Untersuchung der Verzugsvorgänge an den Streckwerken verschiedener Spinnereimaschinen
2. Bericht: Ermittlung der Haft-Gleiteigenschaften von Faserbändern und Vorgarnen
1955, 98 Seiten, 54 Abb., DM 21,—

HEFT 98
Fachverband Gesenkschmieden, Hagen
Die Arbeitsgenauigkeit beim Gesenkschmieden unter Hämmern
1955, 132 Seiten, 55 Abb., 9 Tabellen, DM 24,75

HEFT 99
Prof. Dr.-Ing. G. Garbotz, Aachen
Der Kraft- und Arbeitsaufwand sowie die Leistungen beim Biegen von Bewehrungsstählen in Abhängigkeit von den Abmessungen, den Formen und der Güte der Stähle (Ermittlung von Leistungsrichtlinien)
1955, 136 Seiten, 53 Abb., 3 Anlagen, 18 Tabellen, DM 30,—

HEFT 100
Prof. Dr.-Ing. H. Opitz, Aachen
Untersuchungen von elektrischen Antrieben, Steuerungen und Regelungen an Werkzeugmaschinen
1955, 166 Seiten, 71 Abb., 3 Tabellen, DM 31,30

HEFT 101
Prof. Dr.-Ing. H. Opitz, Aachen
Wirtschaftlichkeitsbetrachtungen beim Außenrundschleifen
1955, 100 Seiten, 56 Abb., 3 Tabellen, DM 19,30

HEFT 102
Dr. P. Hölemann, Ing. R. Hasselmann und Ing. G. Dix, Dortmund
Untersuchungen über die thermische Zündung von explosiblen Acetylenzersetzungen in Kapillaren
1954, 44 Seiten, 5 Abb., 4 Tabellen, DM 8,60

HEFT 103
Prof. Dr. W. Weizel, Bonn
Durchführung von experimentellen Untersuchungen über den zeitlichen Ablauf von Funken in komprimierten Edelgasen sowie zu deren mathematischen Berechnung
1955, 46 Seiten, 12 Abb., DM 9,10

HEFT 104
Prof. Dr. W. Weizel, Bonn
Über den Einfluß der Elektroden auf die Eigenschaften von Cadmium-Sulfid-Widerstands-Photozellen
1955, 48 Seiten, 12 Abb., DM 9,45

HEFT 105
Dr.-Ing. R. Meldau, Harsewinkel/Westf.
Auswertung von Gekörn — Analysen des Musterstaubes „Flugasche Fortuna I"
1955, 42 Seiten, 14 Abb., DM 8,50

HEFT 106
ORR. Dr.-Ing. W. Küch, Dortmund
Untersuchungen über die Einwirkung von feuchtigkeitsgesättigter Luft auf die Festigkeit von Leimverbindungen
1954, 60 Seiten, 10 Abb., 6 Tabellen, DM 11,40

HEFT 107
Prof. Dr. H. Lange und Dipl.-Phys. P. St. Pütter, Köln
Über die Konstruktion von Laboratoriumsmagneten
1955, 66 Seiten, 19 Abb., 1 Tabelle, DM 12,30

HEFT 108
Prof. Dr. W. Fuchs, Aachen
Untersuchungen über neue Beizmethoden und Beizabwässer
I. Die Entzunderung von Drähten mit Natriumhydrid
II. Die Aufbereitung von Beizabwässern
1955, 82 Seiten, 15 Abb., 14 Tabellen, 1 Falttafel, DM 15,25

HEFT 109
Dr. P. Hölemann und Ing. R. Hasselmann, Dortmund
Untersuchungen über die Löslichkeit von Azetylen in verschiedenen organischen Lösungsmitteln
1954, 42 Seiten, 10 Abb., 8 Tabellen, DM 8,30

HEFT 110
Dr. P. Hölemann und Ing. R. Hasselmann, Dortmund
Untersuchungen über den Druckverlauf bei der explosiblen Zersetzung von gasförmigem Azetylen
1955, 54 Seiten, 10 Abb., 5 Tabellen, DM 11,—

HEFT 111
Fachverband Steinzeugindustrie, Köln
Die Entwicklung eines Gerätes zur Beschickung seitlicher Feuer von Steinzeug-Einzelkammeröfen mit festen Brennstoffen
1955, 46 Seiten, 16 Abb., DM 9,40

HEFT 112
Prof. Dr.-Ing. H. Opitz, Aachen
Verschleißmessungen beim Drehen mit aktivierten Hartmetallwerkzeugen
1954, 44 Seiten, 17 Abb., 6 Tabellen, DM 8,80

HEFT 113
Prof. Dr. O. Graf, Dortmund
Erforschung der geistigen Ermüdung und nervösen Belastung: Studien über die vegetative 24-Stunden-Rhythmik in Ruhe und unter Belastung
1955, 40 Seiten, 12 Abb., DM 8,20

HEFT 114
Prof. Dr. O. Graf, Dortmund
Studien über Fließarbeitsprobleme an einer praxisnahen Experimentieranlage
1954, 34 Seiten, 6 Abb., DM 7,—

HEFT 115
Prof. Dr. O. Graf, Dortmund
Studium über Arbeitspausen in Betrieben bei freier und zeitgebundener Arbeit (Fließarbeit) und ihre Auswirkung auf die Leistungsfähigkeit
1955, 50 Seiten, 13 Abb., 2 Tabellen, DM 9,80

HEFT 116
Prof. Dr.-Ing. E. Siebel und Dr.-Ing. H. Weiss, Stuttgart
Untersuchungen an einigen Problemen des Tiefziehens — I. Teil
1955, 74 Seiten, 50 Abb., 5 Tabellen, DM 14,50

HEFT 117
Dr.-Ing. H. Beißwänger, Stuttgart, und Dr.-Ing. S. Schwandt, Trier
Untersuchungen an einigen Problemen des Tiefziehens — II. Teil
1955, 92 Seiten, 34 Abb., 8 Tabellen, DM 17,70

HEFT 118
Prof. Dr. E. A. Müller und Dr. H. G. Wenzel, Dortmund
Neuartige Klima-Anlage zur Erzeugung ungleicher Luft- und Strahlungstemperaturen in einem Versuchsraum
1955, 68 Seiten, 10 z. T. mehrfarb. Abb., DM 14,—

HEFT 119
Dr.-Ing. O. Viertel, Krefeld
Wäscherei- und energietechnische Untersuchung einer Gemeinschafts-Waschanlage
1955, 50 Seiten, 18 Abb., DM 10,20

HEFT 120
Dipl.-Ing. A. Weisbecker, Lüdenscheid
Über Anfressung an Reinstaluminium-Schweißnähten bei der elektrolytischen Oxydation
Gebr. Hörstermann GmbH., Velbert
Entwicklung und Erprobung eines neuartigen Gummibandförderers
1955, 46 Seiten, 18 Abb., DM 9,70

HEFT 121
Dr. H. Krebs, Bonn
I. Die Struktur und die Eigenschaften der Halbmetalle
II. Die Bestimmung der Atomverteilung in amorphen Substanzen
III. Die chemische Bindung in anorganischen Festkörpern und das Entstehen metallischer Eigenschaften
1955, 124 Seiten, 36 Abb., 13 Tabellen, DM 22,90

HEFT 122
Prof. Dr. W. Fuchs, Aachen
Untersuchungen zur Verbesserung der Wasseraufbereitung und Wasseranalyse:
Über die Schnellbewertung von Ionenaustauscher
1955, 62 Seiten, 32 Abb., DM 12,30

HEFT 123
Dipl.-Ing. J. Emondts, Aachen
Über Bodenverformungen bei stark gestörtem und mächtigem, wasserführendem Deckgebirge im Aachener Steinkohlengebiet
1955, 196 Seiten, 37 Abb., 10 Tabellen, DM 28,80

HEFT 124
Prof. Dr. R. Seyffert, Köln
Wege und Kosten der Distribution der Hausratwaren im Lande Nordrhein-Westfalen
1955, 74 Seiten, 25 Tabellen, DM 9,—

WESTDEUTSCHER VERLAG · KÖLN UND OPLADEN

HEFT 125
Prof. Dr. E. Kappler, Münster
Eine neue Methode zur Bestimmung von Kondensations-Koeffizienten von Wasser
1955, 46 Seiten, 11 Abb., 1 Tabelle, DM 9,10

HEFT 126
Prof. Dr.-Ing. J. Mathieu, Aachen
Arbeitszeitvergleich
Grundlagen, Methodik u. praktische Durchführung
1955, 70 Seiten, DM 13,—

HEFT 127
Güteschutz Betonstein e. V.,
Arbeitskreis Nordrhein-Westfalen, Dortmund
Die Betonwaren-Gütesicherung im Lande Nordrhein-Westfalen
1955, 58 Seiten, 15 Abb., 3 Tabellen, DM 11,50

HEFT 128
Prof. Dr. O. Schmitz-DuMont, Bonn
Untersuchungen über Reaktionen in flüssigem Ammoniak
1955, 96 Seiten, 11 Abb., 6 Tabellen, DM 17,75

HEFT 129
Prof. Dr.-Ing. J. Mathieu und Dr. C. A. Roos, Aachen
Die Anlernung von Industriearbeitern
I. Ergebnisse einer grundsätzlichen Untersuchung der gegenwärtigen Industriearbeiter-Kurzanlernung
1955, 106 Seiten, DM 19,70

HEFT 130
Prof. Dr.-Ing. J. Mathieu und Dr. C. A. Roos, Aachen
Die Anlernung von Industriearbeitern
II. Beiträge zur Methodenfrage der Kurzanlernung
1955, 108 Seiten, DM 19,90

HEFT 131
Dr. W. Hoerburger, Köln
Versuche zur Biosynthese von Eiweiß aus Kohlenwasserstoff
1955, 34 Seiten, 2 Abb., DM 6,90

HEFT 132
Prof. Dr. W. Seith, Münster
Über Diffusionserscheinungen in festen Metallen
1955, 42 Seiten, 19 Abb., 4 Tabellen, DM 9,10

HEFT 133
Prof. Dr. E. Jenckel, Aachen
Über einen für Schwermetalle selektiven Ionenaustauscher
1955, 48 Seiten, 8 Abb., 13 Tabellen, DM 9,50

HEFT 134
Prof. Dr.-Ing. H. Winterhager, Aachen
Über die elektrochemischen Grundlagen der Schmelzfluß-Elektrolyse von Bleisulfid in geschmolzenen Mischungen mit Bleichlorid
1955, 54 Seiten, 20 Abb., 5 Tabellen, DM 11,80

HEFT 135
Prof. Dr.-Ing. K. Krekeler und Dr.-Ing. H. Peukert, Aachen
Die Änderung der mechanischen Eigenschaften thermoplastischer Kunststoffe durch Warmrecken
1955, 54 Seiten, 27 Abb., DM 11,10

HEFT 136
Dipl.-Phys. P. Pilz, Remscheid
Über spezielle Probleme der Zerkleinerungstechnik von Weichstoffen
1955, 58 Seiten, 19 Abb., 2 Tabellen, DM 11,50

HEFT 137
Prof. Dr. W. Baumeister, Münster
Beiträge zur Mineralstoffernährung der Pflanzen
1955, 64 Seiten, 6 Tabellen, DM 11,80

HEFT 138
Dr. P. Hölemann und Ing. R. Hasselmann, Dortmund
Untersuchungen über die Zersetzungswärme von gasförmigem und in Azeton gelöstem Azetylen
1955, 54 Seiten, 8 Abb., 7 Tabellen, DM 10,40

HEFT 139
Prof. Dr. W. Fuchs, Aachen
Studien über die thermische Zersetzung der Kohle und die Kohlendestillatprodukte
1955, 64 Seiten, 20 Abb., 22 Tabellen, DM 11,80

HEFT 140
Dr.-Ing. G. Hausberg, Essen
Modellversuche an Zyklonen
1955, 78 Seiten, 24 Abb., DM 15,70

HEFT 141
Dr. J. van Calker und Dr. R. Wienecke, Münster
Untersuchungen über den Einfluß dritter Analysenpartner auf die spektrochemische Analyse
1955, 42 Seiten, 15 Abb., DM 9,10

HEFT 142
Dipl.-Ing. G. M. F. Wiebel, Hannover, A. Konermann und A. Ottenheym, Sennelager
Entwicklung eines Kalksandleichtsteines
1955, 38 Seiten, 4 Abb., DM 8,—

HEFT 143
Prof. Dr. F. Wever, Dr. A. Rose und Dipl.-Ing. W. Straßburg, Düsseldorf
Härtbarkeit u. Umwandlungsverhalten der Stähle
1955, 50 Seiten, 12 Abb., 3 Tabellen, DM 10,70

HEFT 144
Prof. Dr. H. Wurmbach, Bonn
Steuerung von Wachstum und Formbildung
1955, 48 Seiten, 19 Abb., DM 10,30

HEFT 145
Dr. G. Hennemann, Werdohl (Westf.)
Beitrag zur Interpretation der modernen Atomphysik
1955, 34 Seiten, DM 10,—

HEFT 146
Dr.-Ing. F. Gruß, Düsseldorf
Sterilisation mit Heißluft
1955, 34 Seiten, 10 Abb., DM 7,70

HEFT 147
Dr.-Ing. W. Rudisch, Unna
Untersuchung einer drehelastischen Elektromagnet-Synchronkupplung
1955, 82 Seiten, 65 Abb., DM 17,70

HEFT 148
Prof. Dr. H. Bittel u. Dipl.-Phys. L. Storm, Münster
Untersuchungen über Widerstandsrauschen
1955, 40 Seiten, 5 Abb., DM 8,40

HEFT 149
Dipl.-Ing. K. Konopicky und Dipl.-Chem. P. Kampa, Bonn
I. Beitrag zur flammenphotometrischen Bestimmung des Calciums.
Dr.-Ing. K. Konopicky, Bonn
II. Die Wanderung von Schlackenbestandteilen in feuerfesten Baustoffen
1955, 50 Seiten, 10 Abb., 5 Tabellen, DM 11,—

HEFT 150
Prof. Dr.-Ing. O. Kienzle und Dipl.-Ing. W. Timmerbeil, Hannover
Das Durchziehen enger Kragen an ebenen Fein- und Mittelblechen
1955, 52 Seiten, 20 Abb., 8 Tabellen, DM 11,30

HEFT 151
Dipl.-Ing. P. Karabasch, Aachen
Feststellung des optimalen Gasgehaltes von Bronzen zur Erzielung druckdichter Gußstücke
in Vorbereitung

HEFT 152
Dipl.-Ing. G. Müller, Köln
Ermittlung der Laufeigenschaften (Vergießbarkeit) von Bronze und Rotguß mittels der Schneider-Gießspirale
1955, 60 Seiten, 33 Abb., DM 13,30

HEFT 153
Prof. Dr. F. Wever, Dr.-Ing. W. A. Fischer und Dipl.-Ing. J. Engelbrecht, Düsseldorf
I. Die Reduktion sauerstoffhaltiger Eisenschmelzen im Hochvakuum mit Wasserstoff und Kohlenstoff
II. Einfluß geringer Sauerstoffgehalte auf das Gefüge und Alterungsverhalten von Reineisen
1955, 54 Seiten, 15 Abb., 2 Tabellen, DM 12,40

HEFT 154
Prof. Dr.-Ing. P. Bardenheuer und Dr.-Ing. W. A. Fischer, Düsseldorf
Die Verschlackung von Titan aus Stahlschmelzen im sauren und basischen Hochfrequenzofen unter verschiedenen Schlacken
1955, 36 Seiten, 10 Abb., 1 Tabelle, DM 7,95

HEFT 155
Dipl.-Phys. K. H. Schirmer, München
Die auf Grau abgestimmte Farbwiedergabe im Dreifarbenbuchdruck
1955, 46 Seiten, 17 Abb., 2 Farbtafeln, DM. 10,—

HEFT 156
Prof. Dr.-Ing. B. von Borries und Mitarbeiter, Düsseldorf
Die Entwicklung regelbarer permanentmagnetischer Elektronenlinsen hoher Brechkraft und eines mit ihnen ausgerüsteten Elektronenmikroskopes neuer Bauart
in Vorbereitung

HEFT 157
Dr. W. Jawtusch, Dr. G. Schuster und Prof. Dr.-Ing. R. Jaeckel, Bonn
Untersuchungen über die Stoßvorgänge zwischen neutralen Atomen und Molekülen
1955, 48 Seiten, 15 Abb., 3 Tabellen, DM 10,50

HEFT 158
Dipl.-Ing. W. Rosenkranz, Meinerzhagen
Ein Beitrag zum Problem der Spannungskorrosion bei Preßprofilen und Preßteilen aus Aluminium-Legierungen
in Vorbereitung

HEFT 159
Dr.-Ing. O. Viertel und O. Oldenroth, Krefeld
Das Bleichen von Weißwäsche mit Wasserstoffsuperoxyd bzw. Natriumhypochlorit beim maschinellen Waschen
1955, 54 Seiten, 23 Abb., 2 Tabellen, DM 11,45

HEFT 160
Prof. Dr. W. Klemm, Münster
Über neue Sauerstoff- und Fluor-haltige Komplexe
1955, 50 Seiten, 13 Abb., 7 Tabellen, DM 10,80

HEFT 161
Prof. Dr. W. Weltzien und Dr. G. Hauschild, Krefeld
Über Silikone und ihre Anwendung in der Textilveredlung
1955, 162 Seiten, 22 Abb., 10 Tabellen, DM 27,—

HEFT 162
Prof. Dr. F. Wever, Prof. Dr. A. Kochendörfer und Dr.-Ing. Chr. Rohrbach, Düsseldorf
Kennzeichnung der Sprödbruchneigung von Stählen durch Messung der Fließspannung, Reißspannung und Brucheinschnürung an dreiachsig beanspruchten Proben
1955, 58 Seiten, 26 Abb., DM 13,—

HEFT 163
Dipl.-Ing. W. Rohs und Text.-Ing. H. Griese, Bielefeld
Untersuchungsarbeiten zur Verbesserung des Leinenwebstuhls III
1955, 80 Seiten, 15 Abb., 18 Tabellen, DM 15,80

HEFT 164
Dr.-Ing. H. Schmachtenberg, Köln
Neuartige Prüfeinrichtungen für Kraftfahrzeuge
1955, 44 Seiten, 23 Abb., DM 9,60

HEFT 165
Dr.-Ing. W. Wilhelm, Aachen
Instationäre Gasströmung im Auspuffsystem eines Zweitaktmotors
1955, 62 Seiten, 31 Abb., 8 Tabellen, DM 13,60

HEFT 166
Prof. Dr. M. v. Stackelberg, Dr. H. Heindze, Dr. H. Hübschke und Dr. K. H. Frangen, Bonn
Kolloidchemische Untersuchungen
1955, 106 Seiten, 8 Abb., 13 Tabellen, DM 21,25

HEFT 167
Prof. Dr.-Ing. F. Schuster, Essen
I. Über die Heißkarburierung von Brenngasen mit Ölen und Teeren
II. Die Strahlungsvorgänge in brennstoffbeheizten Öfen bei verschiedenen Verbrennungsatmosphären
1955, 38 Seiten, 8 Abb., DM 8,30

HEFT 168
Prof. Dr.-Ing. F. Schuster, Essen
I. Luftvorwärmung an Gasfeuerungen
II. Heizwerthöhe von Brenngasen und Wirkungsgrad sowie Gasverbrauch bei der Gasverwendung
III. Sauerstoffangereicherte Luft und feuerungstechnische Kenngrößen von Brenngasen
1955, 60 Seiten, 18 Abb., DM 12,50

HEFT 169
Forschungsinstitut für Pigmente und Lacke, Stuttgart
Arbeiten über die Bestimmung des Gebrauchswertes von Lackfilmen durch physikalische Prüfungen
1955, 70 Seiten, 23 Abb., 4 Tabellen, DM 15,—

HEFT 170
Prof. Dr. F. Wever, Dr. A. Rose und Dipl.-Ing. L. Rademacher, Düsseldorf
Anwendung der Umwandlungsschaubilder auf Fragen der Werkstoffauswahl beim Schweißen und Flammhärten
1955, 64 Seiten, 25 Abb., DM 13,70

WESTDEUTSCHER VERLAG · KÖLN UND OPLADEN

HEFT 171
Wäschereiforschung Krefeld
Untersuchung der Wäscheentwässerung mit Hilfe von Zentrifugen und Pressen
1955, 42 Seiten, 16 Abb., 4 Tabellen, DM 9,70

HEFT 172
Dipl.-Ing. W. Rohs, Dr.-Ing. G. Satlow und Text.-Ing. G. Heller, Bielefeld
Trocknung von Hanfgarnen. Kreuzspultrocknung
1955, 60 Seiten, 7 Abb., 4 Tabellen, DM 10,30

HEFT 173
Prof. Dr. R. Hosemann und Dipl.-Phys. G. Schoknecht, Berlin, vorgelegt von Prof. Dr. W. Kast, Krefeld
Lichtoptische Herstellung und Diskussion der Faltungsquadrate parakristalliner Gitter
in Vorbereitung

HEFT 174
Prof. Dr. W. von Fragstein, Dr. J. Meingast und H. Hoch, Köln
Herstellung von Solen einheitlicher Teilchengröße und Ermittlung ihrer optischen Eigenschaften
1955, 78 Seiten, 80 Abb., 4 Tabellen, DM 18,25

HEFT 175
Dr.-Ing. H. Zeller, Aachen
Beitrag zur eindimensionalen stationären und nichtstationären Gasströmung mit Reibung und Wärmeleitung insbesondere in Rohren mit unstetigen Querschnittsänderungen
in Vorbereitung

HEFT 176
Dipl.-Ing. H. Schöberl, Duisburg
Über die Methoden zur Ermittlung der Verbrennungstemperatur von Brennstoffen und ein Vorschlag zu ihrer Verbesserung
1955, 30 Seiten, 3 Abb., DM 6,50

HEFT 177
Dipl.-Ing. H. Stüdemann, Solingen, und Dr.-Ing. W. Müchler, Essen
Entwicklung eines Verfahrens zur zahlenmäßigen Bestimmung der Schneideigenschaften von Messerklingen
in Vorbereitung

HEFT 178
Prof. Dr. M. von Stackelberg u. Dr. W. Hans, Bonn
Untersuchungen zur Ausarbeitung und Verbesserung von polarographischen Analysenmethoden
1955, 46 Seiten, 14 Abb., DM 10,50

HEFT 179
Dipl.-Ing. H. F. Reineke, Bochum
Entwicklungsarbeiten auf dem Gebiete der Meß- und Regeltechnik
1955, 46 Seiten, 10 Abb., DM 10,—

HEFT 180
Dr.-Ing. W. Piepenburg, Dipl.-Ing. B. Bühling und Bauing. J. Behnke, Köln
Putzarbeiten im Hochbau und Versuche mit aktiviertem Mörtel und mechanischem Mörtelauftrag
1955, 116 Seiten, 31 Abb., 68 Tabellen, DM 23,—

HEFT 181
Prof. Dr. W. Franz, Münster
Theorie der elektrischen Leitvorgänge in Halbleitern und isolierenden Festkörpern bei hohen elektrischen Feldern
1955, 28 Seiten, 2 Abb., 1 Tabelle, DM 6,20

HEFT 182
Dipl.-Ing. P. Schenk u. Dr. K. Osterloh, Düsseldorf
Katalytisch-thermische Spaltung von gasförmigen und flüssigen Kohlenwasserstoffen zur Spitzengaserzeugung
1955, 50 Seiten, 11 Abb., 11 Tabellen, DM 10,90

HEFT 183
Dr. W. Bornheim, Köln
Entwicklungsarbeiten an Flaschen- und Ampullen-Behandlungsmaschinen für die pharmazeutische Industrie
in Vorbereitung

HEFT 184
Dr.-Ing. E. Printz, Kettwig
Vollhydraulische Parallel-Kupplung für Ackerschlepper
1955, 32 Seiten, 4 Abb., DM 7,80

HEFT 185
Dipl.-Ing. W. Rohs und Text.-Ing. G. Heller, Bielefeld
Studien an einem neuzeitlichen Kreuzspultrockner für Bastfasergarne mit Wiederbefeuchtungszone
1955, 52 Seiten, 9 Abb., 3 Tabellen, DM 10,70

HEFT 186
Dr. E. Wedekind, Krefeld
Untersuchungen zur Arbeitsbestgestaltung bei der Fertigstellung von Oberhemden in gewerblichen Wäschereien
1955, 124 Seiten, 28 Abb., 6 Tabellen, 2 Falttaf., DM 12,—

HEFT 187
Dipl.-Ing. F. Göttgens, Essen
Über die Eigenarten der Bimetall-, Thermo- und Flammenionisationssicherungsmethode in ihrer Anwendung auf Zündsicherungen
1955, 40 Seiten, 6 Abb., 4 Tabellen, DM 8,40

HEFT 188
W. Kinnebrock, Langenberg (Rhld.)
Der Einfluß des Austausches gleicher Gaskochbrenner bzw. Gaskochbrennerteile auf den Wirkungsgrad und insbesondere auf den CO-Gehalt der Verbrennungsgase
1955, 42 Seiten, 7 Tabellen, DM 8,70

HEFT 189
Fa. E. Leybold's Nachfolger, Köln
I. Ausgewählte Kapitel aus der Vakuumtechnik
II. Zum Verlust anorganisch-nichtflüchtiger Substanzen während der Gefriertrocknung
1955, 52 Seiten, 16 Abb., 3 Tabellen, DM 11,20

HEFT 190
Prof. Dr. A. Neuhaus, Prof. Dr O. Schmitz-DuMont und Dipl.-Chem. H. Reckhard, Bonn
Zur Kenntnis der Alkalititanate
1955, 60 Seiten, 13 Abb., 1 Tabelle, DM 12,20

HEFT 191
Dr. H. Söhngen, Darmstadt
Schwingungsverhalten eines Schaufelkranzes im Vakuum
1955, 36 Seiten, 7 Abb., DM 7,80

HEFT 192
Dipl.-Phys. E. M. Schneider, München
Kohlebogenlampen für Aufnahme und Kopie
1955, 48 Seiten, 21 Abb., 3 Tabellen, DM 10,60

HEFT 193
Prof. Dr. O. Schmitz-DuMont, Bonn
Untersuchungen über neue Pigmentfarbstoffe
in Vorbereitung

HEFT 194
Dr. K. Hecht, Köln
Entwicklung neuartiger physikalischer Unterrichtsgeräte
1955, 42 Seiten, 16 Abb., DM 9,90

HEFT 195
Dr.-Ing. E. Rößger, Köln
Gedanken über einen neuen deutschen Luftverkehr
1955, 342 Seiten, 29 Abb., 122 Tabellen, DM 50,—

HEFT 196
Dipl.-Ing. W. Rohs und Text.-Ing. H. Griese, Bielefeld
Auswirkungen von Garnfehlern bei der Verarbeitung von Leinengarnen
1955, 36 Seiten, 3 Abb., 6 Tabellen, DM 7,80

HEFT 197
Dr. E. Wedekind, Krefeld
Untersuchungen zur Bestimmung der optimalen Arbeitsplatzgröße bei Mehrstuhlarbeit in der Weberei
1955, 92 Seiten, 34 Abb., 6 Tabellen, DM 18,50

HEFT 198
Prof. Dr. J. Weissinger, Karlsruhe
Zur Aerodynamik der Ringflügels. Die Druckverteilung dünner, fast drehsymmetrischer Flügel in Unterschallströmung
1955, 42 Seiten, 5 Abb., DM 9,—

HEFT 199
Textilforschungsanstalt Krefeld
Die Messung von Gewebetemperaturen mittels Temperaturstrahlung
1955, 50 Seiten, 12 Abb., DM 10,90

HEFT 200
R. Seipenbusch, Langenberg (Rhld.)
Spitzengas durch Zusatz von Flüssiggas-, Wassergas- und Flüssiggas-Generatorgas-Gemischen zu Stadtgas
1955, 48 Seiten, 21 Tabellen, DM 10,35

HEFT 201
Dr.-Ing. E. W. Pleines, Frankfurt/Main
Die Sicherheit im Luftverkehr
in Vorbereitung

HEFT 202
Dipl.-Ing. D. Fiecke, Stuttgart/Zuffenhausen
Die Bestimmung der Flugzeugpolaren für Entwurfszwecke. I. Teil: Unterlagen
in Vorbereitung

HEFT 203
Dr. G. Wandel, Bonn
Uferbewachsung und Lebendverbauung an den Nordwestdeutschen Kanälen und ihren Zuflüssen sowie an der Ruhr
in Vorbereitung

HEFT 204
Dipl.-Ing. B. Naendorf, Langenberg (Rhld.)
Bestimmung der Brenneigenschaften und des Brennverhaltens verschiedener Gasarten und Einfluß verschiedener Düsengestaltung
1955, 32 Seiten, DM 7,10

HEFT 205
Dr. C. Schaarwächter, Düsseldorf
Über plastische Kupfer-, Eisen-, Phosphor-Legierungen
in Vorbereitung

HEFT 206
Dr. P. Hölemann, Ing. R. Hasselmann und Ing. G. Dix, Dortmund
Untersuchungen über die Vorgänge bei der Zersetzung von in Azeton gelöstem Azetylen
in Vorbereitung

HEFT 207
Prof. Dr.-Ing. H. Opitz, Dipl.-Ing. K. H. Fröhlich und Dipl.-Ing. H. Siebel, Aachen
Richtwerte für das Fräsen von unlegierten und legierten Baustählen mit Hartmetall. I. Teil
in Vorbereitung

HEFT 208
Prof. Dr.-Ing. H. Müller, Essen
Untersuchung von Elektrowärmegeräten für Laienbedienung hinsichtlich Sicherheit und Gebrauchsfähigkeit. I. Untersuchungen an Kochplatten
in Vorbereitung

HEFT 209
Dr. K. Bunge, Leverkusen
Materialabbau in Funkenentladungen. Untersuchungen an Zinkkathoden
in Vorbereitung

HEFT 210
Dr. W. Porschen und Prof. Dr. W. Riezler, Bonn
Langlebige Alphaaktivitäten bei natürlichen Elementen
1955, 40 Seiten, 5 Abb., 4 Tabellen, DM 8,80

HEFT 211
Prof. Dipl.-Ing. W. Sturtzel und Dr.-Ing. W. Graff, Duisburg
Die Versuchsanstalt für Binnenschiffbau, Duisburg
in Vorbereitung

HEFT 212
Dipl.-Ing. H. Spodig, Selm
Untersuchung zur Anwendung der Dauermagnete in der Technik
1955, 44 Seiten, 25 Abb., DM 9,80

HEFT 213
Dipl.-Ing. K. F. Rittinghaus, Aachen
Zusammenstellung eines Meßwagens für Bau- und Raumakustik
in Vorbereitung

HEFT 214
Dr.-Ing. J. Endres, München
Berechnung der optimalen Leistung, Kraftstoffverbräuche und Wirkungsgrade von Einkreis-Turbolader-Strahltriebwerken am Boden und in der Höhe bei Fluggeschwindigkeiten von 0—2 000 km/h
in Vorbereitung

HEFT 215
Prof. Dr.-Ing. H. Opitz und Dr.-Ing. G. Weber, Aachen
Einfluß der Wärmebehandlung von Baustählen auf Spanentstehungen, Schnittkraft- und Standzeitverhalten
in Vorbereitung

HEFT 216
Dr. E. Kloth, Köln
Untersuchungen über die Ausbreitung kurzer Schallimpulse bei der Materialprüfung mit Ultraschall
in Vorbereitung

HEFT 217
Rationalisierungskuratorium der Deutschen Wirtschaft (RKW), Frankfurt/Main
Typenvielzahl bei Haushaltgeräten und Möglichkeiten einer Beschränkung
in Vorbereitung

HEFT 218
Dr. F. Keune, Aachen
Bericht über eine neue Theorie der Strömung um Rotationskörper ohne Anstellung bei Machzahl Eins
1955, 40 Seiten, 8 Abb., 5 Formelblätter, DM 8,80

HEFT 219
Prof. Dr. W. Fuchs, Aachen
Untersuchungen über Holzabfallverwertung und zur Chemie des Lignins
1955, 54 Seiten, 11 Abb., 15 Tabellen, DM 11,40

WESTDEUTSCHER VERLAG · KÖLN UND OPLADEN

HEFT 220
Prof. Dr. W. Fuchs, Aachen
Die Entwicklung neuer Regel- und Kontroll-Apparate zur coulometrischen Analyse
in Vorbereitung

HEFT 221
Prof. Dr. W. Meyer-Eppler, Bonn
Experimentelle Untersuchungen zum Mechanismus von Stimme und Gehör in der lautsprachlichen Kommunikation
1955, 56 Seiten, 24 Abb., DM 13,45

HEFT 222
Dr. L. Köllner, Münster, und Dipl.-Volkswirt M. Kaiser, Bochum
Die internationale Wettbewerbsfähigkeit der westdeutschen Wollindustrie
in Vorbereitung

HEFT 223
Dr.-Ing. K. Alberti und Dr. F. Schwarz, Köln
Über das Problem Hartbrand-Weichbrand
in Vorbereitung

HEFT 224
Dipl.-Ing. H. Stüdeman und Ing. R. Beu, Solingen
Verfahren zur Prüfung der Korrosionsbeständigkeit von Messerklingen aus rostfreiem Stahl
in Vorbereitung

HEFT 225
Dr.-Ing. E. Barz, Remscheid
Der Spannungszustand von Gattersägeblättern
in Vorbereitung

HEFT 226
Technisch-wissenschaftliches Büro für die Bastfaserindustrie, Bielefeld
Untersuchungen zur Verbesserung des Leinenwebstuhles IV
Die Wirkung verschiedener Kettbaumbremsen auf die Verwebung von Leinengarnen
in Vorbereitung

HEFT 227
Prof. Dr. F. Wever, Düsseldorf und Dr. W. Wepner, Köln
Untersuchung der Alterungsneigung von weichen unlegierten Stählen durch Härteprüfung bei Temperaturen bis 300 Grad C
in Vorbereitung

HEFT 228
Prof. Dr. F. Wever, Dr. W. Koch, Düsseldorf und Dr. B. A. Steinkopf, Dortmund
Spektrochemische Grundlagen der Analyse von Gemischen aus Kohlenmonoxyd, Wasserstoff und Stickstoff
in Vorbereitung

HEFT 229
Prof. Dr. F. Wever, Dr. W. Koch und Dr.-Ing. H. Malissa, Düsseldorf
Über die Anwendung disubstituierter Dithiocarbamate der analytischen Chemie
in Vorbereitung

HEFT 230
Prof. Dr. F. Wever, Düsseldorf und Dr. W. Wepner, Köln
Bestimmung kleiner Kohlenstoffgehalte im Alpha-Eisen durch Dämpfungsmessung
in Vorbereitung

HEFT 231
Dr.-Ing. W. Küch, Dortmund
Über die Wechselwirkung zwischen Holzschutzbehandlung und Verleimung
in Vorbereitung

HEFT 232
Prof. Dr.-Ing. O. Kienzle, Hannover und Dr.-Ing. H. Münnich, Schweinfurt
Feststellung der Spannungen und Dehnungen und Bruchdrehzahlen der unter Fliehkraft und Bearbeitungskraft beanspruchten Schleifkörper
in Vorbereitung

HEFT 233
Dr. H. Haase, Hamburg
Infrarot-Bibliographie
in Vorbereitung

HEFT 234
Dr.-Ing. K. G. Speith und Dr.-Ing. A. Bungeroth, Duisburg
Versuche zur Steigerung des Kokillen-Schluckvermögens beim Stranggießen von Stahl
in Vorbereitung

HEFT 235
Prof. Dr.-Ing. K. Leist und Dipl.-Ing. W. Dettmering, Aachen
Turbinenschaufeln aus Kunststoff für Kaltluftversuchsanlagen
in Vorbereitung

HEFT 236
Dr.-Ing. O. Viertel und S. Lucas, Krefeld
Ergebnisse einer Hausfrauenbefragung über Wascheinrichtungen und Waschmethoden in städtischen Haushaltungen
in Vorbereitung

HEFT 237
Dr. P. Endler und Dr. H. Ludes, Köln
Bericht über eine Studienreise zur Orientierung der heutigen Behandlung der Lungentuberkulose in den Vereinigten Staaten von Nordamerika
in Vorbereitung

HEFT 238
Institut für textile Meßtechnik, M.-Gladbach, e. V.
Untersuchung der Verzugsvorgänge an den Streckwerken verschiedener Spinnereimaschinen. 3. Bericht: Theoretische Betrachtungen über den Einfluß schlagender Zylinder und Druckrollen
in Vorbereitung

HEFT 239
Prof. Dr.-Ing. K. Leist und Dipl.-Ing. H. Scheele, Aachen und Dipl.-Ing. F. H. Flottmann, Herne
Versuche an einem neuartigen luftgekühlten Hochleistungs-Kolbenkompressor
in Vorbereitung

HEFT 240
Prof. Dr.-Ing. K. Leist und Dipl.-Ing. H. Scheele, Aachen
Temperaturmessungen an einem einstufigen luftgekühlten 4-Zylinder-Kolbenkompressor mit Kühlgebläse
in Vorbereitung

HEFT 241
Prof. Dr.-Ing. K. Leist und Dipl.-Ing. M. Pötke, Aachen
Leistungsversuche an einem Kühlluftgebläse
in Vorbereitung

HEFT 242
Prof. Dr.-Ing. K. Leist und Dipl.-Ing. K. Graf, Aachen
Straßenfahrzeuge mit Gasturbinenantrieb
in Vorbereitung

HEFT 243
Prof. Dr.-Ing. K. Leist und Dipl.-Ing. S. Förster, Aachen
Die französische Kleingasturbine Artouste — 1. Teil
in Vorbereitung

HEFT 244
Prof. Dr. F. Wever, Dr. W. Koch und Dr. S. Eckhard, Düsseldorf
Erfahrungen mit der spektrochemischen Analyse von Gefügebestandteilen des Stahles
in Vorbereitung

HEFT 245
Prof. Dr.-Ing. K. Krekeler, Aachen
Das Verbinden von Metallen durch Kunstharzkleber. Teil I: Eigenschaften und Verwendung der Metallklebstoffe
in Vorbereitung

HEFT 246
Prof. Dr.-Ing. K. Krekeler, Aachen
Das Verbinden von Metallen durch Kunstharzkleber. Teil II: Untersuchungen an geklebten Leichtmetall-Verbindungen
in Vorbereitung

HEFT 247
Dr. H. Söhngen, Darmstadt
Strömung vor einem Überschall-Laufrad
in Vorbereitung

HEFT 248
Rheinische Aktiengesellschaft für Braunkohlenbergbau und Brikettfabrikation, Köln
Untersuchung der Bindemitteleigenschaften von Braunkohlenfilteraschen
in Vorbereitung

HEFT 249
Dr. M.-E. Meffert, Essen
Weitere Kulturversuche Scenedesmus obliquus
in Vorbereitung

HEFT 250
Dr. F. Schwarz und Dr.-Ing. K. Alberti, Köln
Entwicklung von Untersuchungsverfahren zur Gütebeurteilung von Industriekalken
in Vorbereitung

HEFT 251
Prof. Dr. H. Bittel, Münster
Zur Statistik der ferromagnetischen Elementarvorgänge und ihren Einfluß auf das Barkhausenrauschen

HEFT 252
Dipl.-Ing. H. Frings, Geilenkirchen
Die Wirkung abfallender Wetterführung auf Wettertemperatur, Grubengasgehalt und Staubbildung
in Vorbereitung

HEFT 253
Dipl.-Ing. S. Schirmanski, Berghausen
Stand und Auswertung der Forschungsarbeiten über Temperatur- und Feuchtigkeitsgrenzen bei der bergmännischen Arbeit
in Vorbereitung

HEFT 254
Prof. Dr. R. Danneel, Bonn
Quantitative Untersuchungen über die Entwicklung des Ehrlich-Ascitestumors bei Inzuchtmäusen
in Vorbereitung

HEFT 255
Ing. W. v. Schlippe, Bad Nauheim
Strömung von Flüssigkeiten mit temperaturabhängiger Zähigkeit (Kühlung von Ölen)
in Vorbereitung

HEFT 256
Prof. Dr. C. Schmieden und Dipl.-Math. K. H. Müller, Darmstadt
Die Strömung einer Quellstrecke im Halbraum — eine strenge Lösung der Navier-Stokes-Gleichungen
in Vorbereitung

HEFT 257
Prof. Dr. G. Lehmann und Dr. J. Tamm, Dortmund
Die Beeinflussung vegetativer Funktionen des Menschen durch Geräusche
in Vorbereitung

HEFT 258
Dr. H. Paul, Linz/Rhein und Prof. Dr. O. Graf, Dortmund
Zur Frage der Unfälle im Bergbau
in Vorbereitung

HEFT 259
Prof. D. W. Linke, Aachen
Strömungsvorgänge in künstlich belüfteten Räumen
in Vorbereitung

HEFT 260
Prof. Dr. W. Kast, Freiburg/Br., Prof. Dr. H. A. Stuart und Dipl.-Phys. H. G. Fendler, Hannover
Lichtzerstreuungsmessungen an Lösungen hochpolymerer Stoffe
in Vorbereitung

HEFT 261
Prof. Dr. W. Kast, Freiburg/Br.
Feinstruktur-Untersuchungen an künstlichen Zellulosefasern verschiedener Herstellungsverfahren. Teil II: Der Kristallisationszustand
in Vorbereitung

HEFT 262
Dr.-Ing. W. Batel, Aachen
Untersuchungen zur Absiebung feuchter, feinkörniger Haufwerke und Schwingsieben
in Vorbereitung

HEFT 263
Prof. Dr. H. Lange und Dipl.-Phys. R. Kohlhaas, Köln
Über die Wärmefähigkeit von Stählen bei hohen Temperaturen. Teil I: Literaturbericht
in Vorbereitung

HEFT 264
Prof. Dr. W. Weizel, Bonn
Durch schnelle Funkenzusammenbrüche ausgelöste Signale auf einer Leitung
in Vorbereitung

HEFT 265
Prof. Dr. F. Micheel und Dr. R. Engel, Münster
Eine Apparatur zur elektrophoretischen Trennung von Stoffgemischen
in Vorbereitung

HEFT 266
Fliesen-Beratungsstelle Bad Godesberg-Mehlem
Güteeigenschaften keramischer Wand- und Bodenfliesen und deren Prüfmethoden
in Vorbereitung

HEFT 267
Prof. Dr. W. Weizel und B. Brandt, Bonn
Zur Stabilität stromstarker Glimmentladungen
in Vorbereitung

HEFT 268
Prof. Dr.-Ing. G. Vogelpohl, Göttingen
Über die Tragfähigkeit von Gleitlagern und ihre Berechnung
in Vorbereitung

WESTDEUTSCHER VERLAG · KÖLN UND OPLADEN

VERÖFFENTLICHUNGEN DER ARBEITSGEMEINSCHAFT FÜR FORSCHUNG DES LANDES NORDRHEIN-WESTFALEN

NATURWISSENSCHAFTEN

Im Auftrage des Ministerpräsidenten Karl Arnold
herausgegeben von Staatssekretär Prof. Leo Brandt

Berichtigung

Mit Wirkung vom 1. März 1956 wurden die Ladenpreise der natur- und geisteswissenschaftlichen Veröffentlichungen der Arbeitsgemeinschaft für Forschung des Landes Nordrhein-Westfalen um ca. 25 % ermäßigt.

HEFT 3
Prof. Dr. Emil Lehnartz, Münster
Der Chemismus der Muskelmaschine
Prof. Dr. Gunther Lehmann, Dortmund
Physiologische Forschung als Voraussetzung der Bestgestaltung der menschlichen Arbeit
Prof. Dr. Heinrich Kraut, Dortmund
Ernährung und Leistungsfähigkeit
1951, 60 Seiten, 35 Abb., kartoniert, DM 5,—

HEFT 4
Prof. Dr. Franz Wever, Düsseldorf
Aufgaben der Eisenforschung
Prof. Dr.-Ing. Hermann Schenck, Aachen
Entwicklungslinien des deutschen Eisenhüttenwesens
Prof. Dr.-Ing. Max Haas, Aachen
Wirtschaftliche Bedeutung der Leichtmetalle und ihre Entwicklungsmöglichkeiten
1952, 60 Seiten, 20 Abb., kartoniert, DM 6,—

HEFT 5
Prof. Dr. Walter Kikuth, Düsseldorf
Virusforschung
Prof. Dr. Rolf Danneel, Bonn
Fortschritte der Krebsforschung
Prof. Dr. Dr. Werner Schulemann, Bonn
Wirtschaftliche und organisatorische Gesichtspunkte für die Verbesserung unserer Hochschulforschung
1952, 50 Seiten, 2 Abb., kartoniert, DM 4,—

HEFT 6
Prof. Dr. Walter Weizel, Bonn
Die gegenwärtige Situation der Grundlagenforschung in der Physik
Prof. Dr. Siegfried Strugger, Münster
Das Duplikantenproblem in der Biologie
Direktor Dr. Fritz Gummert, Essen
Überlegungen zu den Faktoren Raum und Zeit im biologischen Geschehen und Möglichkeiten einer Nutzanwendung
1952, 64 Seiten, 20 Abb., kartoniert, DM 4,—

HEFT 7
Prof. Dr.-Ing. August Götte, Aachen
Steinkohle als Rohstoff und Energiequelle
Prof. Dr. Dr. E. h. Karl Ziegler, Mülheim (Ruhr)
Über Arbeiten des Max-Planck-Institutes für Kohlenforschung
1953, 66 Seiten, 4 Abb., kartoniert, DM 4,75

Prof. Dr.-Ing. Kurt Hinrich Dencker, Bonn
Der Weg der Landwirtschaft von der Energieautarkie zur Fremdenergie
1952, 74 Seiten, 23 Abb., kartoniert, DM 6,80

HEFT 11
Prof. Dr.-Ing. Herwart Opitz, Aachen
Entwicklungslinien der Fertigungstechnik in der Metallbearbeitung
Prof. Dr.-Ing. Karl Krekeler, Aachen
Stand und Aussichten der schweißtechnischen Fertigungsverfahren
1952, 72 Seiten, 49 Abb., kartoniert, DM 6,40

HEFT 12
Dr. Hermann Rathert, Wuppertal-Elberfeld
Entwicklung auf dem Gebiet der Chemiefaser-Herstellung
Prof. Dr. Wilhelm Weltzien, Krefeld
Rohstoff und Veredlung in der Textilwirtschaft
1952, 84 Seiten, 29 Abb., kartoniert, DM 7,—

HEFT 13
Dr.-Ing. E. h. Karl Herz, Frankfurt a. M.
Die technischen Entwicklungstendenzen im elektrischen Nachrichtenwesen
Staatssekretär Prof. Leo Brandt, Düsseldorf
Navigation und Luftsicherung
1952, 102 Seiten, 97 Abb., kartoniert, DM 9,75

HEFT 14
Prof. Dr. Burckhardt Helferich, Bonn
Stand der Enzymchemie und ihre Bedeutung
Prof. Dr. Hugo Wilhelm Knipping, Köln
Ausschnitt aus der klinischen Carcinomforschung am Beispiel des Lungenkrebses
1952, 72 Seiten, 12 Abb., kartoniert, DM 6,25

HEFT 15
Prof. Dr. Abraham Esau †, Aachen
Ortung mit elektrischen und Ultraschallwellen in Technik und Natur
Prof. Dr.-Ing. Eugen Flegler, Aachen
Die ferromagnetischen Werkstoffe der Elektrotechnik und ihre neueste Entwicklung
1953, 84 Seiten, 25 Abb., kartoniert, DM 6,25

HEFT 16
Prof. Dr. Rudolf Seyffert, Köln
Die Problematik der Distribution
Prof. Dr. Theodor Beste, Köln
Der Leistungslohn
1952, 70 Seiten, 1 Abb., kartoniert, DM 4,50

[17
Dr.-Ing. Friedrich Seewald, Aachen
...ahrtforschung in Deutschland und ihre Be...ng für die allgemeine Technik
Dr.-Ing. Edouard Houdremont, Essen
...und Organisation der Forschung in einem ...rieforschungsinstitut der Eisenindustrie
1953, 90 Seiten, 4 Abb., kartoniert, DM 5,50

18
Dr. Dr. Werner Schulemann, Bonn
...ie und Praxis pharmakologischer Forschung
Dr. Wilhelm Groth, Bonn
...sche Verfahren zur Isotopentrennung
1953, 72 Seiten, 17 Abb., kartoniert, DM 5,—

19
Ing. Kurt Traenckner, Essen
...klungstendenzen der Gaserzeugung
1953, 26 Seiten, 12 Abb., kartoniert, DM 2,50

HEFT 20
M. Zvegintzow, London
Wissenschaftliche Forschung und die Auswertung ihrer Ergebnisse
Ziel und Tätigkeit der National Research Development Corporation
Dr. Alexander King, London
Wissenschaft und internationale Beziehungen
1954, 88 Seiten, kartoniert, DM 4,60

HEFT 21
Prof. Dr. Robert Schwarz, Aachen
Wesen und Bedeutung der Silicium-Chemie
Prof. Dr. Dr. h. c. Kurt Alder, Köln
Fortschritte in der Synthese von Kohlenstoffverbindungen
1954, 76 Seiten, 49 Abb., kartoniert, DM 5,20

HEFT 21a
Prof. Dr. Dr. h. c. Otto Hahn, Göttingen
Die Bedeutung der Grundlagenforschung für die Wirtschaft
Prof. Dr. Siegfried Strugger, Münster
Die Erforschung des Wasser- und Nährsalztransportes im Pflanzenkörper mit Hilfe der fluoreszenzmikroskopischen Kinematographie
1953, 74 Seiten, 26 Abb., kartoniert, DM 5,80

HEFT 22
Prof. Dr. Johannes von Allesch, Göttingen
Die Bedeutung der Psychologie im öffentlichen Leben
Prof. Dr. Otto Graf, Dortmund
Triebfeder menschlicher Leistung
1953, 80 Seiten, 19 Abb., kartoniert, DM 4,80

HEFT 23
Prof. Dr. Dr. h. c. Bruno Kuske, Köln
Zur Problematik der wirtschaftswissenschaftlichen Raumforschung
Prof. Dr.-Ing. E. h. Stephan Prager, Düsseldorf
Städtebau und Landesplanung
1954, 84 Seiten, kartoniert, DM 4,—

HEFT 24
Prof. Dr. Rolf Danneel, Bonn
Über die Wirkungsweise der Erbfaktoren
Prof. Dr. Kurt Herzog, Krefeld
Bewegungsbedarf der menschlichen Gliedmaßengelenke bei der Berufsarbeit
1953, 76 Seiten, 18 Abb., kartoniert, DM 4,80

WESTDEUTSCHER VERLAG · KÖLN UND OPLADEN

HEFT 25
Prof. Dr. Otto Haxel, Heidelberg
Energiegewinnung aus Kernprozessen
Dr.-Ing. Dr. Max Wolf, Düsseldorf
Gegenwartsprobleme der energiewirtschaftlichen Forschung
1953, 98 Seiten, 27 Abb., kartoniert, DM 6,25

HEFT 26
Prof. Dr. Friedrich Becker, Bonn
Ultrakurzwellenstrahlung aus dem Weltraum
Dr. Hans Straßl, Bonn
Bemerkenswerte Doppelsterne und das Problem der Sternentwicklung
1954, 70 Seiten, 8 Abb., kartoniert, DM 4,—

HEFT 27
Prof. Dr. Heinrich Behnke, Münster
Der Strukturwandel der Mathematik in der ersten Hälfte des 20. Jahrhunderts
Prof. Dr. Emanuel Sperner, Hamburg
Eine mathematische Analyse der Luftdruckverteilungen in großen Gebieten
in Vorbereitung

HEFT 28
Prof. Dr. Oskar Niemczyk, Aachen
Die Problematik gebirgsmechanischer Vorgänge im Steinkohlenbergbau
Prof. Dr. Wilhelm Ahrens, Krefeld
Die Bedeutung geologischer Forschung für die Wirtschaft, besonders in Nordrhein-Westfalen
1955, 96 Seiten, 12 Abb., kartoniert, DM 6.40

HEFT 29
Prof. Dr. Bernhard Rensch, Münster
Das Problem der Residuen bei Lernleistungen
Prof. Dr. Hermann Fink, Köln
Über Leberschäden bei der Bestimmung des biologischen Wertes verschiedener Eiweiße von Mikroorganismen
1954, 96 Seiten, 23 Abb., kartoniert, DM 6,—

HEFT 30
Prof. Dr.-Ing. Friedrich Seewald, Aachen
Forschungen auf dem Gebiete der Aerodynamik
Prof. Dr.-Ing. Karl Leist, Aachen
Einige Forschungsarbeiten aus der Gasturbinentechnik
1955, 98 Seiten, 45 Abb., kartoniert, DM 8,80

HEFT 31
Prof. Dr.-Ing. Dr. h. c. Fritz Mietzsch, Wuppertal
Chemie und wirtschaftliche Bedeutung der Sulfonamide
Prof. Dr. Dr. h. c. Gerhard Domagk, Wuppertal
Die experimentellen Grundlagen der bakteriellen Infektionen
1954, 82 Seiten, 2 Abb., kartoniert, DM 5,25

HEFT 32
Prof. Dr. Hans Braun, Bonn
Die Verschleppung von Pflanzenkrankheiten und -schädigungen über die Welt
Prof. Dr. Wilhelm Rudorf, Voldagsen
Der Beitrag von Genetik und Züchtung zur Bekämpfung von Viruskrankheiten der Nutzpflanzen
1953, 88 Seiten, 36 Abb., kartoniert, DM 6,75

HEFT 33
Prof. Dr.-Ing. Volker Aschoff, Aachen
Probleme der elektroakustischen Einkanalübertragung
Prof. Dr.-Ing. Herbert Döring, Aachen
Erzeugung und Verstärkung von Mikrowellen
1954, 74 Seiten, 23 Abb., kartoniert, DM 4,50

HEFT 34
Geheimrat Prof. Dr. Dr. Rudolf Schenck, Aachen
Bedingungen und Gang der Kohlenhydratsynthese im Licht
Prof. Dr. Emil Lehnartz, Münster
Die Endstufen des Stoffabbaues im Organismus
1954, 80 Seiten, 11 Abb., kartoniert, DM 5,50

HEFT 35
Prof. Dr.-Ing. Hermann Schenck, Aachen
Gegenwartsprobleme der Eisenindustrie in Deutschland
Prof. Dr.-Ing. Eugen Piwowarsky †, Aachen
Gelöste und ungelöste Probleme im Gießereiwesen
1954, 110 Seiten, 67 Abb., kartoniert, DM 9,-

HEFT 36
Prof. Dr. Wolfgang Riezler, Bonn
Teilchenbeschleuniger
Prof. Dr. Gerhard Schubert, Hamburg
Anwendung neuer Strahlenquellen in der Krebstherapie
1954, 104 Seiten, 43 Abb., kartoniert, DM 8,20

HEFT 37
Prof. Dr. Franz Lotze, Münster
Probleme der Gebirgsbildung
Bergwerksdirektor Bergassessor a.D. G. Rauschenbach, Essen
Die Erhaltung der Förderungskapazität des Ruhrbergbaues auf lange Sicht
in Vorbereitung

HEFT 38
Dr. E. Colin Cherry, London
Kybernetik
Prof. Dr. Erich Pietsch, Clausthal-Zellerfeld
Dokumentation und mechanisches Gedächtnis — zur Frage der Ökonomie der geistigen Arbeit
1954, 108 Seiten, 31 Abb., kartoniert, DM 7,20

HEFT 39
Dr. Heinz Haase, Hamburg
Infrarot und seine technischen Anwendungen
Prof. Dr. Abraham Esau †, Aachen
Ultraschall und seine technischen Anwendungen
1955, 80 Seiten, 25 Abb., kartoniert, DM 6,20

HEFT 40
Bergassessor Fritz Lange, Bochum-Hordel
Die wirtschaftliche und soziale Bedeutung der Silikose im Bergbau
Prof. Dr. Walter Kikuth, Düsseldorf
Die Entstehung der Silikose und ihre Verhütungsmaßnahmen
1954, 120 Seiten, 40 Abb., kartoniert, DM 9,50

HEFT 40a
Prof. Dr. Eberhard Gross, Bonn
Berufskrebs und Krebsforschung
Prof. Dr. Hugo Wilhelm Knipping, Köln
Die Situation der Krebsforschung vom Standpunkt der Klinik
1955, 88 Seiten, 31 Abb., kartoniert, DM 6,70

HEFT 41
Direktor Dr.-Ing. Gustav-Victor Lachmann, London
An einer neuen Entwicklungsschwelle im Flugzeugbau
Direktor Dr.-Ing. A. Gerber, Zürich-Oerlikon
Stand der Entwicklung der Raketen- und Lenktechnik
1955, 88 Seiten, 44 Abb., kartoniert, DM 8,40

HEFT 42
Prof. Dr. Theodor Kraus, Köln
Lokalisationsphänomene und Raumordnung vom Standpunkt der geographischen Wissenschaft
Direktor Dr. Fritz Gummert, Essen
Vom Ernährungsversuchsfeld der Kohlenstoffbiologischen Forschungsstation Essen
in Vorbereitung

HEFT 42a
Prof. Dr. Dr. h. c. Gerhard Domagk, Wuppertal
Fortschritte auf dem Gebiet der experimentellen Krebsforschung
1954, 46 Seiten, kartoniert, DM 2,60

HEFT 43
Prof. Giovanni Lampariello, Rom
Über Leben und Werk von Heinrich Hertz
Prof. Dr. Walter Weizel, Bonn
Über das Problem der Kausalität in der Physik
1955, 76 Seiten, kartoniert, DM 4,40

HEFT 43a
Prof. Dr. José Mª Albareda, Madrid
Die Entwicklung der Forschung in Spanien
in Vorbereitung

HEFT 44
Prof. Dr. Burckhardt Helferich, Bonn
Über Glykoside
Prof. Dr. Fritz Micheel, Münster
Kohlenhydrat-Eiweiß-Verbindungen und ihre biochemische Bedeutung
in Vorbereitung

HEFT 45
Prof. Dr. John von Neumann, Princeton, USA
Entwicklung und Ausnutzung neuerer mathematischer Maschinen
Prof. Dr. E. Stiefel, Zürich
Rechenautomaten im Dienste der Technik mit Beispielen aus dem Züricher Institut für angewandte Mathematik
1955, 74 Seiten, 6 Abb., kartoniert, DM 4,80

HEFT 46
Prof. Dr. Wilhelm Weltzien, Krefeld
Ausblick auf die Entwicklung synthetischer Fasern
Prof. Dr. Walther Hoffmann, Münster
Wachstumsformen der Industriewirtschaft
in Vorbereitung

HEFT 47
Staatssekretär Prof. Leo Brandt, Düsseldorf
Die praktische Förderung der Forschung in Nordrhein-Westfalen
Prof. Dr. Ludwig Raiser, Bad Godesberg
Die Förderung der angewandten Forschung durch die Deutsche Forschungsgemeinschaft
in Vorbereitung

HEFT 48
Dr. Hermann Tromp, Rom
Bestandsaufnahme der Wälder der Welt als internationale und wissenschaftliche Aufgabe
Prof. Dr. Franz Heske, Schloß Reinbek
Die Wohlfahrtswirkungen des Waldes als internationales Problem
in Vorbereitung

HEFT 49
Präsident Dr. G. Böhnecke, Hamburg
Zeitfragen der Ozeanographie
Reg.-Direktor Dr. H. Gabler, Hamburg
Nautische Technik und Schiffssicherheit
1955, 120 Seiten, 49 Abb., kartoniert, DM 10,20

HEFT 50
Prof. Dr.-Ing. Friedrich A. F. Schmidt, Aachen
Probleme der Selbstzündung und Verbrennung bei der Entwicklung der Hochleistungskraftmaschinen
Prof. Dr. A. W. Quick, Aachen
Ein Verfahren zur Untersuchung des Austauschvorganges in verwirbelten Strömungen hinter Körpern mit abgelöster Strömung
in Vorbereitung

HEFT 51
Prof. Dr. Siegfried Strugger, Münster
Struktur, Entwicklungsgeschichte und Physiologie der Chloroplasten
Direktor Dr. J. Pätzold, Erlangen
Therapeutische Anwendung mechanischer und elektrischer Energie
in Vorbereitung

HEFT 52
Mr. Patmore, London
Lufttüchtigkeit und technische Prüfung der Flugzeuge in England
Pro. A. D. Young, Cranfield
Die Ausbildung des Ingenieurnachwuchses auf dem Luftfahrtgebiet in England
in Vorbereitung

JAHRESFEIER 1955
Prof. Dr. Josef Pieper, Münster
Über den Philosophie-Begriff Platons
Prof. Dr. Walter Weizel, Bonn
Die Mathematik und die physikalische Realität
1955, 62 Seiten, kartoniert, DM 4,40

HEFT 52a
Dr. D. C. Martin, London
Geschichte und Organisation der Royal Society
Dr. Roux, Südafrika
Probleme der wissenschaftlichen Forschung in der Südafrikanischen Union
in Vorbereitung

HEFT 53
Prof. Dr.-Ing. Georg Schnadel, Hamburg
Forschungsaufgaben zur Untersuchung der Festigkeitsprobleme im Schiffbau
Prof. Dipl.-Ing. Wilhelm Sturtzel, Duisburg
Forschungsaufgaben zur Untersuchung der Widerstandsprobleme im Schiffbau
in Vorbereitung

HEFT 53a
Prof. Giovanni Lampariello, Rom
Von Galilei zu Einstein
in Vorbereitung

HEFT 54
Prof. Dr. Julius Bartels, Göttingen
Sonne und Erde — das Thema des internationalen geophysikalischen Jahres
Direktor Dr. Walter Dieminger, Lindau/Harz
Ionosphäre und drahtloser Weitverkehr
in Vorbereitung

HEFT 54a
Sir John Cockcroft, London
Die friedliche Anwendung der Kernenergie
in Vorbereitung

HEFT 55
Prof. Dr.-Ing. Fritz Schultz-Grunow, Aachen
Das Kriechen und Fließen hochzäher und plastischer Stoffe
Prof. Dr.-Ing. Hans Ebner, Aachen
Wege und Ziele der Festigkeitsforschung besonders im Hinblick auf den Leichtbau
in Vorbereitung

WESTDEUTSCHER VERLAG · KÖLN UND OPLADEN

HEFT 56
Prof. Dr. Ernst Derra, Düsseldorf
Der Entwicklungsstand der Herzchirurgie
Prof. Dr. Gunther Lehmann, Dortmund
Muskelarbeit und Muskelermüdung in Theorie und Praxis
in Vorbereitung

HEFT 57
Prof. Dr. Theodor von Kármán, Pasadena
Freiheit und Organisation in der Luftfahrtforschung
in Vorbereitung

HEFT 58
Prof. Dr. Fritz Schröter, Ulm
Neue Forschungs- und Entwicklungsrichtungen im Fernsehen
Prof. Dr. Albert Narath, Berlin
Der gegenwärtige Stand der Filmtechnik
in Vorbereitung

VERÖFFENTLICHUNGEN DER ARBEITSGEMEINSCHAFT FÜR FORSCHUNG DES LANDES NORDRHEIN-WESTFALEN

GEISTESWISSENSCHAFTEN

Im Auftrage des Ministerpräsidenten Karl Arnold
herausgegeben von Staatssekretär Prof. Leo Brandt

HEFT 1
Prof. Dr. Werner Richter, Bonn
Die Bedeutung der Geisteswissenschaften für die Bildung unserer Zeit
Prof. Dr. Joachim Ritter, Münster
Die aristotelische Lehre vom Ursprung und Sinn der Theorie
1953, 64 Seiten, kartoniert, DM 3,50

HEFT 2
Prof. Dr. Josef Kroll, Köln
Elysium
Prof. Dr. Günther Jachmann, Köln
Die vierte Ekloge Vergils
1953, 72 Seiten, kartoniert, DM 3,75

HEFT 3
Prof. Dr. Hans Erich Stier, Münster
Die klassische Demokratie
1954, 100 Seiten, kartoniert, DM 6,—

HEFT 4
Prof. Dr. Werner Caskel, Köln
Lihyan und Lihyanisch. Sprache und Kultur eines früharabischen Königreiches
1954, 168 Seiten, 6 Abb., kartoniert, DM 11,—

HEFT 5
Prof. Dr. Thomas Ohm, Münster
Stammesreligionen im südlichen Tanganyika-Territorium
1953, 80 Seiten, 25 Abb., kartoniert, DM 11,50

HEFT 6
Prälat Prof. Dr. Dr. h. c. Georg Schreiber, Münster
Deutsche Wissenschaftspolitik von Bismarck bis zum Atomwissenschaftler Otto Hahn
1954, 102 Seiten, 7 Bilder, kartoniert, DM 6,25

HEFT 7
Prof. Dr. Walter Holtzmann, Bonn
Das mittelalterliche Imperium und die werdenden Nationen
1953, 28 Seiten, kartoniert, DM 2,50

HEFT 8
Prof. Dr. Werner Caskel, Köln
Die Bedeutung der Beduinen in der Geschichte der Araber
1954, 44 Seiten, kartoniert, DM 2,75

HEFT 9
Prälat Prof. Dr. Dr. h. c. Georg Schreiber, Münster
Irland im deutschen und abendländischen Sakralraum
in Vorbereitung

HEFT 10
Prof. Dr. Peter Rassow, Köln
Forschungen zur Reichsidee im 16. und 17. Jahrhundert
1955, 32 Seiten, kartoniert, DM 1,90

HEFT 11
Prof. Dr. Hans Erich Stier, Münster
Roms Aufstieg zur Weltherrschaft
in Vorbereitung

HEFT 12
Prof. D. Karl Heinrich Rengstorf, Münster
Mann und Frau im Urchristentum
Prof. Dr. Hermann Conrad, Bonn
Grundprobleme einer Reform des Familienrechts
1954, 106 Seiten, kartoniert, DM 6,—

HEFT 13
Prof. Dr. Max Braubach, Bonn
Der Weg zum 20. Juli 1944
1953, 48 Seiten, kartoniert, DM 3,25

HEFT 14
Prof. Dr. Paul Hübinger, Münster
Das deutsch-französische Verhältnis und seine mittelalterlichen Grundlagen
in Vorbereitung

HEFT 15
Prof. Dr. Franz Steinbach, Bonn
Der geschichtliche Weg des wirtschaftenden Menschen in die soziale Freiheit und politische Verantwortung
1954, 76 Seiten, kartoniert, DM 3,80

HEFT 16
Prof. Dr. Josef Koch, Köln
Die Ars coniecturalis des Nikolaus von Cues
in Vorbereitung

HEFT 17
Prof. Dr. James Conant,
US-Hochkommissar für Deutschland
Staatsbürger und Wissenschaftler
Prof. D. Karl Heinrich Rengstorf, Münster
Antike und Christentum
1953, 48 Seiten, 2 Abb., kartoniert, DM 3,50

HEFT 18
Prof. Dr. Richard Alewyn, Köln
Klopstocks Publikum
in Vorbereitung

HEFT 19
Prof. Dr. Fritz Schalk, Köln
Das Lächerliche in der französischen Literatur des Ancien Régime
1954, 42 Seiten, kartoniert, DM 2,25

HEFT 20
Prof. Dr. Ludwig Raiser, Bad Godesberg
Rechtsfragen der Mitbestimmung
1954, 48 Seiten, kartoniert, DM 2,50

HEFT 21
Prof. D. Martin Noth, Bonn
Das Geschichtsverständnis der alttestamentlichen Apokalyptik
1953, 36 Seiten, kartoniert, DM 2,20

HEFT 22
Prof. Dr. Walter F. Schirmer, Bonn
Glück und Ende des Königs in Shakespeares Historien
1954, 32 Seiten, kartoniert, DM 1,60

HEFT 23
Prof. Dr. Günther Jachmann, Köln
Der homerische Schiffskatalog und die Ilias
in Vorbereitung

HEFT 24
Prof. Dr. Theodor Klauser, Bonn
Die römischen Petrustraditionen im Lichte der neuen Ausgrabungen unter der Peterskirche
in Vorbereitung

HEFT 25
Prof. Dr. Hans Peters, Köln
Die Gewaltentrennung in moderner Sicht
1955, 48 Seiten, kartoniert, DM 3,10

HEFT 26
Prof. Dr. Fritz Schalk, Köln
Calderon und die Mythologie
in Vorbereitung

HEFT 27
Prof. Dr. Josef Kroll, Köln
Vom Leben geflügelter Worte
in Vorbereitung

WESTDEUTSCHER VERLAG · KÖLN UND OPLADEN

HEFT 28
Prof. Dr. Thomas Ohm, Münster
Die Religionen in Asien
1954, 50 Seiten, 4 Abb., kartoniert, DM 7,—

HEFT 29
Prof. Dr. Johann Leo Weisgerber, Bonn
Die Ordnung der Sprache im persönlichen und öffentlichen Leben
1955, 64 Seiten, kartoniert, DM 3,50

HEFT 30
Prof. Dr. Werner Caskel, Köln
Entdeckungen in Arabien
1954, 44 Seiten, kartoniert, DM 3,20

HEFT 31
Prof. Dr. Max Braubach, Bonn
Entstehung und Entwicklung der landesgeschichtlichen Bestrebungen und historischen Vereine im Rheinland
1955, 32 Seiten, kartoniert, DM 2.20

HEFT 32
Prof. Dr. Fritz Schalk, Köln
Somnium und verwandte Wörter in den romanischen Sprachen
1955, 48 Seiten, 3 Abb., kartoniert, DM 3,60

HEFT 33
Prof. Dr. Friedrich Dessauer, Frankfurt a. M.
Erbe und Zukunft des Abendlandes
in Vorbereitung

HEFT 34
Prof. Dr. Thomas Ohm, Münster
Ruhe und Frömmigkeit
1955, 128 Seiten, 30 Abb., kartoniert, DM 10,70

HEFT 35
Prof. Dr. Hermann Conrad, Bonn
Die mittelalterliche Besiedlung des deutschen Ostens und das Deutsche Recht
1955, 40 Seiten, kartoniert, DM 2,80

HEFT 36
Prof. Dr. Hans Sckommodau, Köln
Die religiösen Dichtungen Margaretes von Navarra
1955, 172 Seiten, kartoniert, DM 9,60

HEFT 37
Prof. Dr. Herbert von Einem, Bonn
Der Mainzer Kopf mit der Binde
1955, 88 Seiten, 40 Abb., kartoniert, DM 9,20

HEFT 38
Prof. Dr. Joseph Höffner, Münster
Statik und Dynamik in der scholastischen Wirtschaftsethik
1955, 48 Seiten, kartoniert, DM 2,85

HEFT 39
Prof. Dr. Fritz Schalk, Köln
Diderots Essai über Claudius und Nero
in Vorbereitung

HEFT 40
Prof. Dr. Gerhard Kegel, Köln
Probleme des internationalen Enteignungs- und Währungsrechts
in Vorbereitung

HEFT 41
Prof. Dr. Johann Leo Weisgerber, Bonn
Die Grenzen der Schrift — Der Kern der Rechtschreibreform
1955, 72 Seiten, kartoniert, DM 4,80

HEFT 42
Prof. Dr. Richard Alewyn, Köln
Von der Empfindsamkeit zur Romantik
in Vorbereitung

HEFT 43
Prof. Dr. Theodor Schieder, Köln
Die Probleme des Rapallo-Vertrages 1922
in Vorbereitung

HEFT 44
Prof. Dr. Andreas Rumpf, Köln
Stilphasen der spätantiken Kunst
in Vorbereitung

HEFT 45
Dr. Ulrich Luck, Münster
Kerygma und Tradition in der Hermeneutik Adolf Schlatters
1955, 136 Seiten, kartoniert, DM 9,—

HEFT 46
Prof. Dr. Walther Holtzmann, Rom
Das Deutsche Historische Institut in Rom
Prof. Dr. Graf Wolff Metternich, Rom
Die Bibliotheca Hertziana und der Palazzo Zuccari
1955, 68 Seiten, 7 Abb., kartoniert, DM 5,—

JAHRESFEIER 1955
Prof. Dr. Josef Pieper, Münster
Über den Philosophie-Begriff Platons
Prof. Dr. Walter Weizel, Bonn
Die Mathematik und die physikalische Realität
1955, 62 Seiten, kartoniert, DM 4,40

HEFT 47
Prof. Dr. Harry Westermann, Münster
Person und Persönlichkeit im Zivilrecht
in Vorbereitung

HEFT 48
Prof. Dr. Johann Leo Weisgerber, Bonn
Die Namen der Ubier
in Vorbereitung

HEFT 49
Prof. Dr. Friedrich Karl Schumann, Münster
Mythos und Technik
in Vorbereitung

HEFT 51
Prälat Prof. Dr. Dr. h. c. Georg Schreiber, Münster
Der Bergbau in Geschichte, Ethos und Sakralkultur
in Vorbereitung

HEFT 52
Prof. Dr. Hans J. Wolff, Münster
Die Rechtsgestalt der Universität
in Vorbereitung

HEFT 53
Prof. Dr. Heinrich Vogt, Bonn
Schadenersatzprobleme im Verhältnis von Haftungsgrund und Schaden
in Vorbereitung

HEFT 54
Prof. Dr. Max Braubach, Bonn
Der Einmarsch der deutschen Truppen in die entmilitarisierte Zone am Rhein im März 1936. Ein Beitrag zur Vorgeschichte des zweiten Weltkrieges
in Vorbereitung

HEFT 55
Prof. Dr. Herbert von Einem, Bonn
Die Menschwerdung Christi des Isenheimer Altars
in Vorbereitung

HEFT 56
Prof. Dr. E. J. Cohn, London
Der englische Gerichtstag
in Vorbereitung

WESTDEUTSCHER VERLAG · KÖLN UND OPLADEN

MIX
Papier aus verantwortungsvollen Quellen
Paper from responsible sources
FSC® C105338

If you have any concerns about our products,
you can contact us on
ProductSafety@springernature.com

In case Publisher is established outside the EU,
the EU authorized representative is:
Springer Nature Customer Service Center GmbH
Europaplatz 3, 69115 Heidelberg, Germany

Printed by Libri Plureos GmbH
in Hamburg, Germany